Eugen Reichl
Typenkompass
Bemannte Raumfahrzeuge
seit 1960

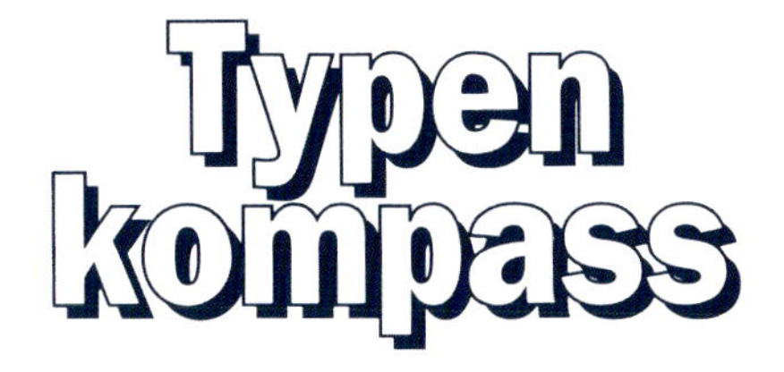

Eugen Reichl

Bemannte Raumfahrzeuge

seit 1960

Einbandgestaltung: Luis Dos Santos

Bildnachweis: Dietmar Röttler, NASA, ESA, Energia, Gary Kitmacher, CAST, SAST, Virgin Galactic, Archiv Reichl.

ISBN: 978-3-613-02981-1

1. Auflage 2008

Sie finden uns im Internet unter
www.motorbuch-verlag.de

Lektorat: Alexander Burden
Innengestaltung: Bernd Peter
Reproduktionen: digi Bild reinhardt, 73037 Göppingen
Druck und Bindung: Kessler Druck und Medien, 86399 Bobingen
Printed in Germany

Inhalt

Einleitung . . . 6
Wostok . . . 12
Mercury . . . 18
North American X-15 . . . 24
Woschod . . . 30
Gemini . . . 34
Sojus . . . 42
Lunniy Korabl (LK) . . . 50
Sojus »Zond« . . . 56
Apollo Command und Service Module (CSM) . . . 60
Apollo Lunar Module (LM) . . . 68
TKS VA . . . 76
Space Shuttle . . . 80
Buran . . . 90
Shenzhou . . . 96
SpaceShipOne . . . 102
SpaceShipTwo . . . 108
SpaceX Dragon . . . 112
Orion Command und Service Module . . . 116
Altair . . . 122

Gleich steigen wir ein in die aufregende Welt der bemannten Raumfahrt. Doch zunächst gilt es zu klären, was das eigentlich ist »Bemannte Raumfahrt«. Und was es mit diesem Vehikel auf sich hat, das man dazu benötigt, dem »bemannten Raumschiff«. Die beiden Begriffe umfassen nämlich mehr, als man zunächst vermuten möchte.
Bemannte Raumfahrt können wir als »die Summe aller Bemühungen« definieren, die es dem Menschen ermöglicht, sich »durch Einsatz technischer Hilfsmittel im Weltraum aufzuhalten bzw. andere Himmelskörper zu erreichen«. Diese technischen Hilfsmittel können Raumfahrzeuge sein, aber auch Raumstationen, Stationen auf Monden und Planeten, Raumanzüge und Hilfsmittel für die Bewegung und die Manipulation von Nutzlasten wie etwa die Roboterarme des Space Shuttle oder der Internationalen Raumstation.
Wir widmen uns in diesem Buch einem Teilaspekt der bemannten Raumfahrt, den Fahrzeugen zum Transport von Menschen in den Erdorbit oder zu anderen Zielen seiner Wahl im Weltraum. Im Gegensatz zu Raumstationen oder -basen sind Raumfahrzeuge beweglich. Nach Abschluss einer Mission bringen sie ihre Besatzung wieder zurück, sei es zu einem Mutterfahrzeug oder direkt zur Erde.
Jenseits dieser kühlen Beschreibung sind bemannte Raumfahrzeuge aber viel mehr. Sie sind die Gestalt gewordene Weiterentwicklung des Traums vom Fliegen. Eines Traums, der nicht mehr begrenzt ist auf die Erde, sondern

Startete nie in den Weltraum: Der US Air Force-Shuttle »Dyna Soar« der frühen 60er-Jahre.

So wäre der Dyna Soar aus dem Weltraum zurückgekehrt.

Rechts – Dieser Hermes-Mock-up führt heute in Frankreich ein trauriges Dasein.

Der europäische Raumgleiter Hermes: Mehr als eine Milliarde Euro waren bereits ausgegeben, da wurde das Vorhaben eingestellt.

Schaffte es immerhin bis zu Testflügen in der Atmosphäre: NASA X-38.

der jetzt auch die unermesslichen Weiten des Weltalls mit einschließt.

Wo beginnt der Weltraum?

Und schon landen wir bei der nächsten Begriffsabgrenzung, denn nun gilt es zu klären, wo er beginnt, der Weltraum? Nach allgemein herrschender Meinung nimmt der Weltraum in einer Höhe über der Erdoberfläche seinen Anfang, in der kein Flugzeug mehr fliegen kann. In einer Höhe, wo der Luftraum genauso endet wie die Souveränität der Nationalstaaten. Der Übergang von der Erdatmosphäre zum Weltraum ist fließend, und so ist es nicht verwunderlich, dass es für seinen Beginn mehrere Definitionen gibt. International weitgehend anerkannt ist heute die Idee der Fédération Aéronautique Internationale (FAI), nach welcher der Weltraum in einer Höhe von 100 km seinen Anfang nimmt. Diese ebenso imaginäre wie willkürlich festgelegte Grenze wird auch als die Kármán-Linie bezeichnet, festgelegt von der FAI zu Ehren des Physikers Theodore von Kármán. US-Institutionen wie die NASA und die US Air Force verwenden manchmal auch eine andere Begriffsbestimmung. Danach beginnt der Weltraum in einer Höhe von 50 Statute Miles, also in knapp über 80 km Höhe. Lassen wir uns davon nicht verwirren, und akzeptieren für die Zwecke dieses Buches einfach beide Definitionen.

Viele blieben zurück

So schmal das vorliegende Buch auch ist, es ist doch vollständig, denn es beinhaltet alle bemannten Raumfahrzeuge, die es bis heute in

den Weltraum geschafft haben. Einige wenige, wie beispielsweise der sowjetische »Lunniy Korabl«-Mondlander, brachten es zwar nur zu unbemannten Testflügen, waren aber fertig entwickelt und einsatzbereit und konnten nur den allerletzten Schritt, einen Menschen ins All zu transportieren, aus unterschiedlichen Gründen nicht mehr vollbringen.

Vier Typen wurden aufgenommen, obwohl sie das Kriterium – mindestens einen Flug ins All – noch nicht erfüllt haben. Aber ihre Entwicklung ist fortgeschritten und die ersten Testflüge stehen bevor. Dies sind das suborbitale Raumschiff »SpaceShipTwo« und die Orbitalkapsel »Dragon«, die beide die private Raumfahrt revolutionieren könnten. Weiterhin das neue Mondschiff und Shuttle-Nachfolger »Orion« sowie die Mondlandefähre »Altair«, welche in der absehbaren Zukunft die bemannte Raumfahrt prägen werden.

Eine ganze Reihe suborbitaler Raumfahrzeuge der privaten Raumfahrt, die in diesen Tagen bereits in der Entwicklung sind, müssen wir fürs Erste zurücklassen. Die nächsten Jahre werden zeigen, wer es bis in den Weltraum schafft, und wir werden sie ggf. in späteren Auflagen berücksichtigen. Das Abwarten hat einen Grund, denn schon in der Vergangenheit haben viele bemannte Raumfahrzeuge den Erdboden nie verlassen, obwohl ihre Konstruktion teilweise erstaunlich weit gediehen war. Die Bilder auf diesen ersten Seiten geben dafür ein beredtes Zeugnis ab. Da gab es die McDonnell-Douglas »Blue-Gemini«, den europäischen Raumgleiter »Hermes«, die Boeing X-20 »Dyna-Soar«, die X-38 der NASA, den

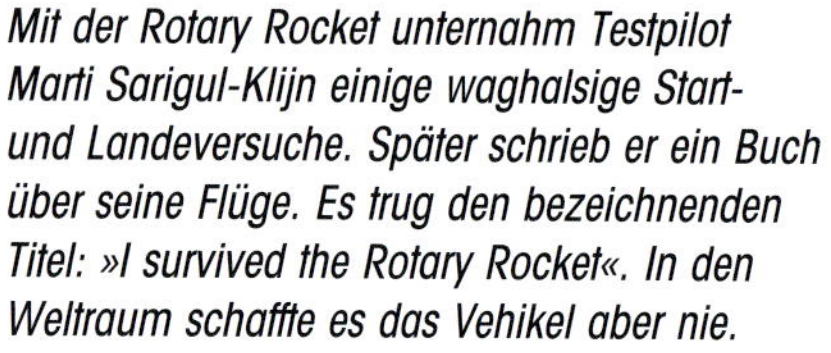
Mit der Rotary Rocket unternahm Testpilot Marti Sarigul-Klijn einige waghalsige Start- und Landeversuche. Später schrieb er ein Buch über seine Flüge. Es trug den bezeichnenden Titel: »I survived the Rotary Rocket«. In den Weltraum schaffte es das Vehikel aber nie.

»Blackstar« und den »Black Colt«, den Lockheed X-30 "Venture Star" mit seiner Demonstrator-Vorstufe X-33, die Mikojan Mig 105 »Spiral«, das Vorhaben »Sänger«, den HL-20-Rettungsgleiter, einen kleinen japanischen Shuttle mit dem Namen »Hope«, den Rotary »Roton« und noch manch anderen.
Die Beschreibung der Raumfahrzeuge in diesem Buch erfolgt streng chronologisch. Als Ordnungskriterium gilt dabei der der Zeitpunkt, zu dem das erste Raumfahrzeug einer bestimmten Baureihe bemannt oder unbemannt erstmals den Weltraum erreicht hat.
Wir beginnen mit dem frühesten Typ, dem sowjetischen Raumschiff »Wostok«, und enden mit dem Altair-Mondlander, dessen Erstflug aus heutiger Sicht noch neun Jahre in der Zukunft liegt.
Und nun viel Spaß beim Ausflug in die Welt der bemannten Raumfahrt – wir schreiben das Jahr 1958...

Rechts – War schon im Bau: Der X-33 »Venture Star«. Aber die berechnete Leistung sank und der Preis stieg. So wurde das Vorhaben eingestellt.

Die Mig 105 »Spiral« kam nicht in den Orbit. Nur ihr Vorläufer namens BOR.

Das sowjetische Raumschiff Wostok war das erste bemannte Raumfahrzeug weltweit. Es kam, nach sieben unbemannten Testmissionen in den Jahren 1960 und 1961, zwischen 1961 und 1963 sechsmal mit Kosmonauten an Bord zum Einsatz. Die frühesten Entwürfe der Wostok (russisch für: Osten) stammten noch aus dem Jahre 1956, damals unter der Bezeichnung Zenit. Dieses Raumfahrzeug war als unbemannter Fotoaufklärer konzipiert. Aufgrund der großen Abmessungen der Rückkehrkapsel von 2,3 m wurde der Zenit-Entwurf für das bemannte Raumfahrtprogramm der UdSSR übernommen. Im Jahre 1958 begannen unter der Leitung von Sergej Koroljew die Detailarbeiten. Der erste unbemannte Testflug erfolgte am 15. Mail 1960. Aus Geheimhaltungsgründen nicht unter dem Namen Wostok sondern unter der Bezeichnung »Korabl-Sputnik 1«.

Die einsitzige Wostok-Kapsel bestand aus zwei Hauptgruppen: der kugelförmigen Pilotenkabine und dem Versorgungsteil in der Form eines Doppelkegels. Diese beiden Komponenten waren durch vier Spannbänder miteinander verbunden. Während die Pilotenkabine auf der Erde landete, wurde der Versorgungsteil vor dem Wiedereintritt in die Erdatmosphäre abgesprengt und verglühte. Zusammen mit der dritten Raketenstufe hatte das Raumfahrzeug eine Länge von 7,4 m bei einem Gesamtgewicht von 6,2 t. Die kugelförmige Kabine hatte rundherum einen Hitzeschild aus Asbest, dessen Stärke zwischen drei und 18 cm betrug. Insgesamt hatte die Kapsel drei Luken mit einem Durchmesser von jeweils 1,2 m: Die Einstiegsluke, die Luke für den Fallschirm und eine technische Luke. Daneben gab es drei Fenster die jeweils einen Durchmesser von 25 cm hatten. Eines dieser Fenster diente dem Kosmonauten gleichzeitig als optisches Visier, mit dem er sich manuell orientieren konnte. Die Atmosphäre in der Kapsel entsprach von ihrer Zusammensetzung her in etwa der normalen Erdatmosphäre - im Gegensatz zum damaligen amerikanischen Vorgehen verwendete man keine reine Sauerstoffatmosphäre. Im Versorgungsteil war das Lageregelungssystem mit den Druckgasbehältern, die Energieversorgungsanlage, Messwertübertragungs- und Peilsender sowie das Bremstriebwerk untergebracht.

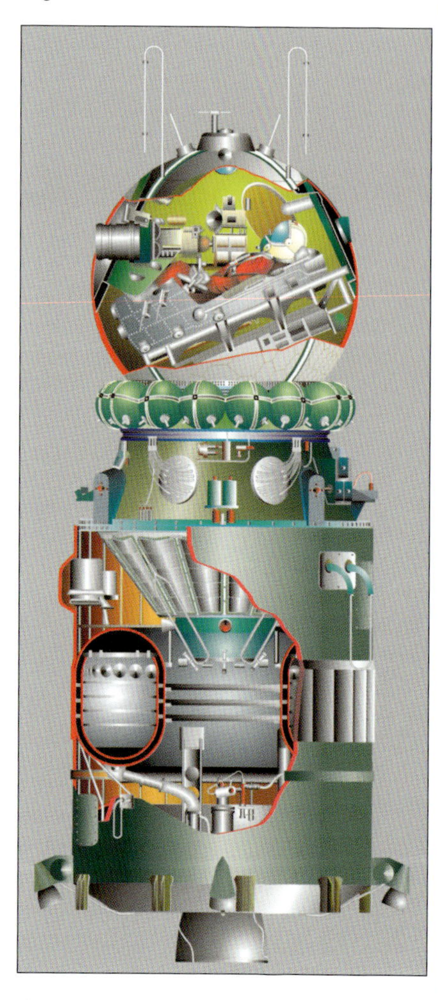

Grafische Darstellung eines Wostok-Raumschiffs mit seinen beiden Hauptkomponenten integriert in der dritten Stufe der Wostok-Trägerrakete.

Typenbeschreibung Wostok		
Ursprungsland	UdSSR	
Bezeichnung	3KA Wostok	
Hersteller	Designbüro Korolew	
Besatzung	1	
Trägerrakete	R 7A 8K72 und 8K72K »Wostok«	
Einsätze unbemannt/bemannt	7/6	
Module	**Versorgungsteil**	**Pilotenkabine**
Masse (kg)	2.270	2.460
Länge (m)	2.25	2.30
Durchmesser (m)	2.43	2.30

An der Außenseite des Geräteteils befanden sich insgesamt 14 runde Druckgasbehälter mit Sauerstoff und Stickstoff. Das Bremstriebwerk hatte eine Brenndauer von etwa 45 Sekunden und verwendete Amin und Salpetersäure als Treibstoffe. Etwa 20 Sekunden nach Brennschluss wurden die vier Spannbänder abgesprengt und die Pilotenkabine trennte sich vom Versorgungsteil.

Der Kosmonaut trug einen Raumanzug und wurde bei den ersten Missionen in einer Höhe von etwa 6.500 m mit einem Schleudersitz aus der Kapsel katapultiert. Diese Vorgehensweise wurde zunächst als notwendig erachtet, weil die Kapsel keine zusätzlichen Bremstriebwerke hatte und die hohe Aufschlaggeschwindigkeit den Kosmonauten gefährdet hätte. Der Schleudersitz konnte auch als Rettungs-

Modell der Wostok mit dritter Stufe.

Oben – Juri Gagarins Original-Landekapsel kann heute im Energia-Museum in Moskau besichtigt werden.

Links – Der Start von Wostok 1 am 12. April 1961. Bis heute sind keine wirklich guten Bilder dieses ersten bemannten Raumflugs erhältlich.

Rechts oben – Wostok 1 wird für den Start vorbereitet.

Rechts unten – So wurde der Wostok-Pilot bei den ersten bemannten Missionen aus der Landekabine ausgeschleudert.

system beim Start des Raumfahrzeugs eingesetzt werden.
Die typische Wostok-Mission verlief normalerweise vollautomatisch und wurde ausschließlich vom Kontrollzentrum am Boden aus gesteuert. Nur im Notfall sollte der Kosmonaut manuell eingreifen. Um ein unbeabsichtigtes Handeln zu vermeiden, konnte beim ersten bemannten Einsatz die Handsteuerung nur

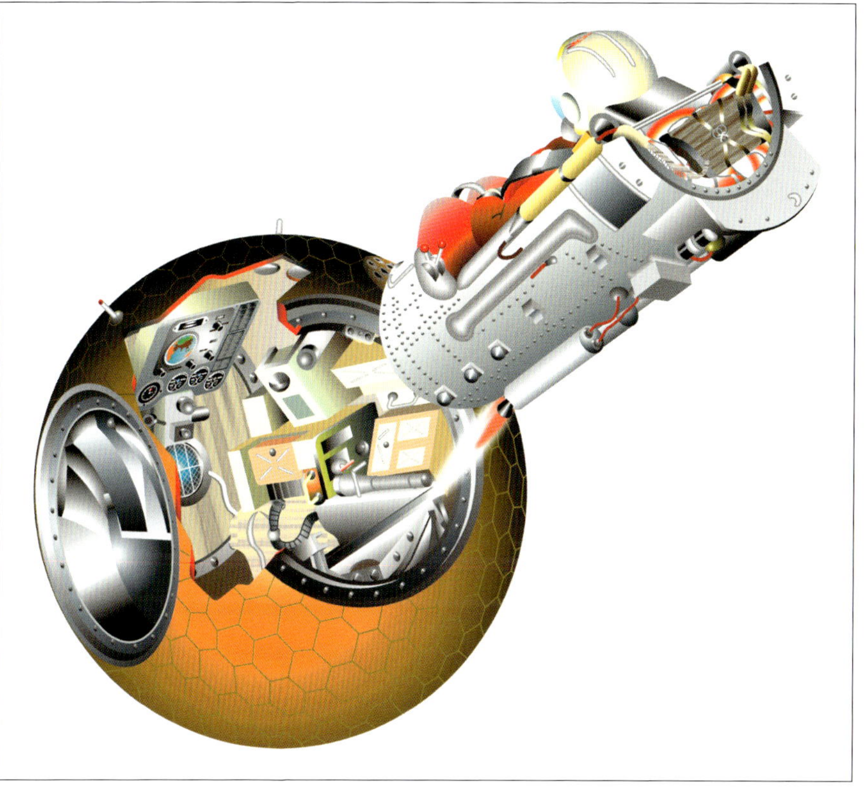

Links oben – Teilweise abgeschmolzener Thermalschutz an einer Wostok-Kapsel.

Links unten – Künstlerische Darstellung der Wostok im Orbit, noch verbunden mit der dritten Stufe der Trägerrakete.

nach Eingabe eines Zahlencodes aktiviert werden.

Hier die Missionsübersicht für die Wostok. Ähnlich wie bei den Amerikanern im Projekt Mercury endeten dabei einige der unbemannten Testflüge als Misserfolg.

Missionsübersicht

Nr.	Start	Besatzung	Flugzeit	Kommentar
Korabl-Sputnik 1	15.5.1960	-	-	Erste Wostok-Testmission auf R-7 8K72. Manövertests im Orbit. Keine Rückkehr vorgesehen
Korabl-Sputnik	28.7.1960	Zwei Hunde (Chaika und Lisichka)	28 Sek	Der Träger explodierte in der ersten Startphase. Die beiden Hunde an Bord kamen ums Leben.
Korabl-Sputnik 2	19.8.1960	Zwei Hunde (Strelka und Belka)	24 Std	Erfolgreicher Testflug. Die beiden Hunde wurden sicher zur Erde zurückgebracht.
Korabl-Sputnik 3	1.12.1960	Zwei Hunde (Pcheka und Muschka)	24 Std	Versagen des Bremstriebwerkes der Kapsel (ließ sich nicht abschalten). Landewinkel zu steil. Die beiden Hunde kamen ums Leben.
Korabl-Sputnik	22.12.1960	Zwei Hunde (Kometa und Shutka)	25 Min	Fehler in der dritten Stufe führt zu Notlandung in Zentralsibirien. Die beiden Hunde überleben.
Korabl-Sputnik 4	9.3.1961	Hund Chernushka und Testpuppe »Iwan Iwanowitsch«	1,5 Std	Erfolgreicher Test für Gagarins Flug. Testpuppe wurde ausgeschleudert, Chernushka verblieb in der Kapsel.
Korabl-Sputnik 5	25.3.1961	Hund Zvesdochka und Testpuppe »Iwan Iwanowitsch«	1,5 Std	Zweiter erfolgreicher Test für Gagarins Mission. Testpuppe wurde ausgeschleudert, Hund verblieb in der Kapsel.
Wostok 1	12.4.1961	J. Gagarin	1,5 Std.	Erster bemannter Flug in der Geschichte der Raumfahrt. Ein Erdorbit.
Wostok 2	6.8.1961	G. Titow	25 Std.	17 Erdumläufe. Titow erlebt als erster die Symptome der Raumkrankheit.
Wostok 3	11.8.1962	A. Nikolayew	94 Std	Erster Gruppenflug (mit Wostok 4). 64 Orbits.
Wostok 4	12.8.1962	P. Popowitsch	71 Std	Gruppenflug mit Wostok 3. Die beiden Wostoks näherten sich einander bis auf 5 km. 48 Orbits.
Wostok 5	14.6.1963	V. Bykowski	119 Std	Zweiter Gruppenflug (mit Wostok 6) Neue Rekordflugdauer. 81 Orbits.
Wostok 6	15.6.1963	V. Tereschkowa	71 Std.	Erste Frau im Weltraum. Gruppenflug mit Wostok 5. Näherte sich Wostok 5 bis auf 5 km. 48 Orbits.

Mercury

Nur neun Monate nach dem Start des ersten amerikanischen Erdsatelliten, Explorer 1, begannen die Planungen für ein bemanntes Raumfahrzeug. In Rekordzeit legten eine Reihe von Firmen ihre Pläne vor und bereits am 9. Januar 1959 erhielten die McDonnell-Flugzeugwerke von der NASA den Auftrag, 24 Mercury-Kapseln zu bauen.
Mercury bestand aus einem glockenförmigen Hauptteil, in dem die Pilotenkabine untergebracht war. Sie enthielt den Kontursitz des Astronauten, die Überwachungsanlage des Lebenserhaltungssystems sowie die Instrumenten- und Funkausrüstung. An die Pilotenkabine schloss sich vorn der zylindrische Behälter für die Landefallschirme an. Unterhalb des Hitzeschildes waren mit Stahlbändern drei Feststoff-Bremsraketen angebracht, die für den Wiedereintritt in die Erdatmosphäre notwendig waren. Sie wurden in der Regel gleich nach ihrem Einsatz, noch bevor der Eintritt in die Erdatmosphäre erfolgte, abgeworfen.

Typenbeschreibung Mercury	
Ursprungsland	USA
Bezeichnung	Mercury
Hersteller	Mc Donnell
Besatzung	1
Trägerrakete	Redstone und Atlas D
Einsätze unbem./bemannt	7/6
Masse (kg)	1.400
Länge (m)	2.92
Durchmesser (m)	1.88

Ein »Boilerplate«-Modell der Mercury wird von Technikern getestet. So bezeichnete man die Vorserienmodelle, die noch nicht die endgültige Flugkonfiguration repräsentierten.

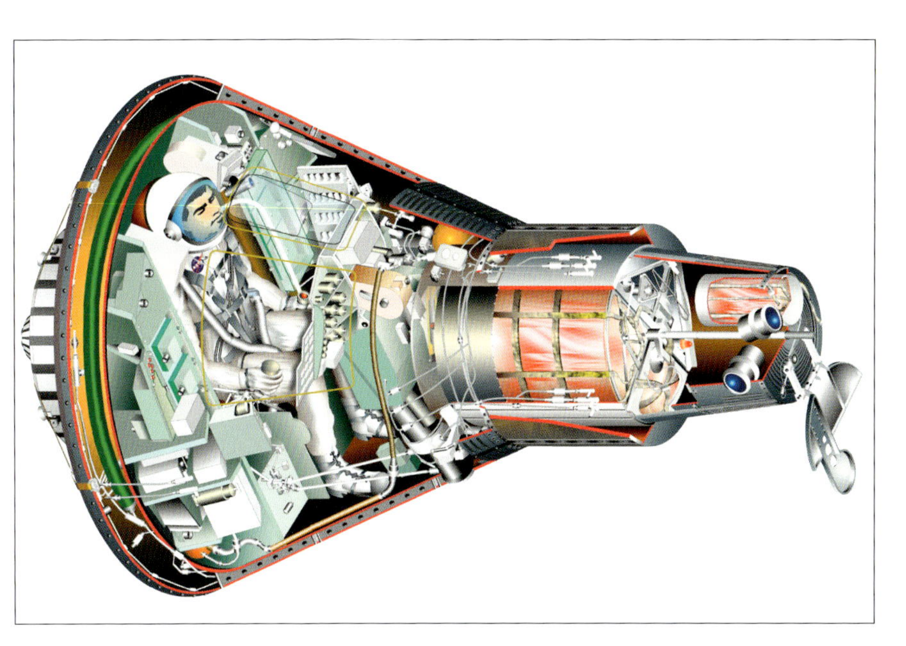

Diese Risszeichnung gibt sehr gut wieder, wie klein die Mercury-Kapsel war.

Virgil Grissom besteigt seine Mercury Kapsel »Liberty Bell 7«. John Glenn assistiert ihm.

Auf der Spitze des Raumfahrzeugs befand sich der so genannte Rettungsturm, der ebenfalls mit einem Feststoff-Treibsatz arbeitete. Im Falle eines Fehlstarts der Trägerrakete sollte diese Vorrichtung die Kapsel mit dem Astronauten in sichere Entfernung von der Rakete weg katapultieren.

Die Landung erfolgte nach der Trennung normal am Fallschirm.

Im April 1959 wurde ein mit enormem Aufwand betriebenes Selektionsverfahren durchgeführt, bei dem sieben Astronauten ausgewählt wurden. Der erste dieser Astronauten sollte zum frühesten möglichen Zeitpunkt

starten, wenn irgend möglich noch vor den Sowjets. Ein Unterfangen, das letztendlich misslang, denn Juri Gagarin war mit Wostok 1 noch vor den Amerikanern im Weltraum.
Die Planung für das Projekt Mercury sah vor, erst nach einer Reihe jeweils 15 Minuten dauernder suborbitaler Flüge auf einer Redstone-Rakete Orbitalflüge mit der Atlas D durchzuführen. Dementsprechend musste die Kapsel für beide Trägertypen und Flugprofile qualifiziert werden.
Die nachfolgende Übersicht zeigt alle Mercury-Missionen inklusive der unbemannten Testflüge. Nicht enthalten sind dabei die Flüge,

Links – Die Redstone-Rakete mit »Liberty Bell 7« und Virgil Grissom an Bord startet am 21. Juli 1961 zu einem suborbitalen Raumflug von gut 15 Minuten Dauer.

Rechts – Eine Mercury Boilerplate-Kapsel landet nach einem Testflug im Atlantik.

Oben – Die Bergung von »Liberty Bell 7« misslingt. Wenige Sekunden nachdem dieses Bild entsteht, muss der Hubschrauber die mit Wasser vollgelaufene Kapsel abwerfen. Virgil Grissom befindet sich zwar nicht mehr in der Kapsel, ertrinkt aber beinahe, weil sich seine Bergung verzögert und der Raumanzug mit Wasser voll läuft.

Links – John H. Glenn startet mit »Friendship 7« auf einer Atlas D-Trägerrakete am 20. Februar 1962 als erster Amerikaner in den Erdorbit.

die dem Test des Rettungsturms dienten. Sie fanden in den Jahren 1959 und 1960 teilweise in Cape Canaveral, teilweise auf dem Raketenversuchsgelände von Wallops Island in Virginia statt. Bei einem dieser Flüge (Mission Little Joe 2) am 4. Dezember 1959 war auch ein Affe an Bord, der 85 km hoch flog und beim Feuern des Rettungsturms einer Belastung von fast 15 g ausgesetzt wurde. Für die bemannten Flüge durften die Astronauten ihrem Raumfahrzeug zusätzlich zur Missionsbezeichnung einen Namen zu geben. An diesen Namen hängten die Astronauten jeweils die Zahl 7, um sich selbst als Gruppe der ersten sieben zu kennzeichnen (obwohl letztendlich nur sechs von ihnen im Mercury-Programm flogen).

Missionsübersicht				
Nr.	**Start**	**Besatzung**	**Flugzeit**	**Kommentar**
Mercury-Atlas 1	29.7.1960	-	90 Sek.	Erster Testflug der Kombination Atlas-Mercury. Trägerrakete explodierte nach 90 Sekunden in 13 km Höhe.
Mercury-Redstone 1	21.11.1960	-	0 Sek.	Erster Testflug der Kombination Mercury-Redstone. Trägerrakete zündete, hob einige Zentimeter ab, verließ aber nicht die Rampe. Rettungssystem versagte.
Mercury-Redstone 1A	19.12.1960	-	15 Min 45 Sek	Erfolgreiche Wiederholung der Mercury-Redstone 1-Mission. Scheitelpunkt der Bahnparabel: 210 km, Flugdistanz: 375 km
Mercury-Redstone 2	31.1.1961	Schimpanse HAM	16 Min 39 Sek	Flug weitgehend erfolgreich, jedoch zu weit und zu hoch. Scheitelpunkt: 251 km, Flugdistanz 675 km.
Mercury-Atlas 2	21.2.1961	-	17 Min 56 Sek	Suborbitaler Mercury-Atlas-Flug speziell für Wiedereintritts- und Landetests. Scheitelpunkt: 183 km, Flugdistanz: 2.300 km.
Mercury-Atlas 3	25.4.1961	-	40 Sek	Testflug der Mercury-Atlas-Kombination. Träger kam vom Kurs ab und musste gesprengt werden. Fluchtturm funktionierte, Kapsel landete unbeschädigt.
Mercury-Redstone 3 (Freedom 7)	5.5.1961	Alan Shepard	15 Min 28 Sek	Erste bemannte – suborbitale – Mercury-Mission. Flug erfolgreich. Scheitelpunkt: 187 km, Flugdistanz: 485 km.
Mercury-Redstone 4 (Liberty Bell 7)	21.7.1961	Virgil Grissom	15 Min 37 Sek	Flug teilweise erfolgreich. Kapsel versank nach der Landung. Grissom wäre beinahe ertrunken. Scheitelpunkt: 191 km, Flugdistanz: 484 km.
Mercury-Atlas 4	13.9.1961	-	1 Std 32 Min	Erste Orbiterprobung der Mercury-Kapsel über eine Erdumkreisung.
Mercury-Atlas 5	29.11.1961	Schimpanse Enos	3 Std 21 Min	Zweiter Orbitaltest. Zwei Erdumkreisungen. Mission erfolgreich.
Mercury-Atlas 6 (Friendship 7)	20.2.1962	John Glenn	4 Std 55 Min	Erster bemannter amerikanischer Orbitflug. Drei Erdumkreisungen. Mission erfolgreich.
Mercury-Atlas 7 (Aurora 7)	24.5.1962	Scott Carpenter	4 Std. 56 Min	Weitgehend erfolgreiche Mission über drei Erdumkreisungen. Landegebiet um über 400 km verfehlt.
Mercury-Atlas 8 (Sigma 7)	3.10.1962	Walter Schirra	9 Std 13 Min	Sechs Erdumkreisungen. Mission erfolgreich.
Mercury-Atlas 9 (Faith 7)	15.5.1963	Gordon Cooper	34 Std 20 Min	Längster Flug des Mercury-Programms. 22 Erdumkreisungen. Mission erfolgreich.

North American X-15

Die North American X-15 war ein raketengetriebenes Experimentalfahrzeug, das Forschungsdaten für den Flug in extremen Höhen und bei sehr hohen Geschwindigkeiten lieferte.

Typenbeschreibung X-15	
Ursprungsland	USA
Bezeichnung	X-15
Hersteller	North American
Besatzung	1
Einsätze	199
Masse leer (kg)	6.620
Masse vollbeladen (kg)	15.420
Länge (m)	15.45
Spannweite (m)	6.80
Höhe (m)	4.12
Gipfelhöhe (m)	107.400
Oxidator/Treibstoff	Sauerstoff/Ammoniak
Antrieb	2xThiokol XLR 11; 1xThiokol XLR 99 RM-2
Schub	77 kN (2 XLR 11); 262 kN (XLR 99)
Höchstgeschw. (km/h)	7.275
Raumflüge nach NASA /IAF	13/2

Die X-15 erzielte in den frühen 60er-Jahren zahlreiche Geschwindigkeits- und Höhenweltrekorde. Mit ihr erreichte erstmals ein aerodynamisch geformtes Fluggerät die Schwelle zum Weltraum. Bei dem insgesamt 199 Flüge umfassenden Programm erfüllten 13 Einsätze die Kriterien der amerikanischen Luftwaffe für einen Flug in den Weltraum. Insgesamt acht Piloten flogen dabei höher als 50 Meilen (80 km), und erhielten den Astronautenstatus der US Air Force und der NASA. Einer der X-15 Piloten, Joe Walker, erzielte bei zwei Flügen mit der X-15 eine Höhe von mehr als 100 km, und überschritt damit auch nach den Regularien der FAI die Grenze zum Weltraum. Insgesamt wurden die drei X-15 von zwölf Piloten geflogen, unter ihnen Neil Armstrong, der Jahre später als erster Mensch den Mond betreten sollte.
Bei den frühen Missionen des X-15-Programms wurden zwei Einheiten des XLR 11-Triebwerks verwendet. Bei den späteren Flügen kam das wesentlich leistungsfähigere XLR 99 zum Einsatz.

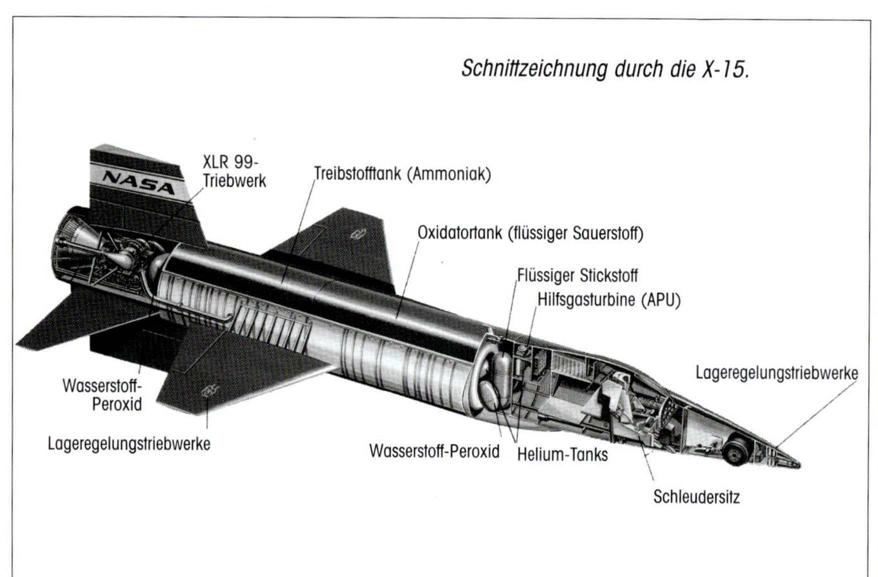

Schnittzeichnung durch die X-15.

Die »Raumflüge« des X-15 Programms				
Flug-Nr.	**Datum**	**Geschwindigkeit**	**Erzielte Höhe**	**Pilot**
62	17. Juli 1962	6.140 km/h	95.540 m	Robert M. White
77	17. Januar 1963	5.895 km/h	82.390 m	Joe Walker
87	27. Juni 1963	5.490 km/h	86.400 m	Robert Rushworth
90	19. Juli 1963	5.950 km/h	105.480 m	Joe Walker
91	22. August 1963	6.080 km/h	107.400 m	Joe Walker
138	29. Juni 1965	5.500 km/h	85.120 m	Joe H. Engle
143	10. August 1965	5.690 km/h	82.230 m	Joe H. Engle
150	28. September 1965	5.980 km/h	89.610 m	John B. McKay
153	14. Oktober 1965	5.700 km/h	80.790 m	Joe H. Engle
174	1. November 1966	6.010 km/h	93.130 m	Bill Dana
190	17. Oktober 1967	6.180 km/h	85.120 m	Pete Knight
191	15. November 1967	5.720 km/h	80.630 m	Michael J. Adams
197	21. August 1968	5.520 km/h	81.110 m	Bill Dana

Die X-15 war, wie fast alle Raketenflugzeuge der X-Serie, nicht eigenstartfähig. Sie wurde unter dem Flügel eines Trägerflugzeugs vom Typ B-52 auf etwa 12.000 m Höhe getragen und dort ausgeklinkt. Die X-15 erweiterte die Grenzen des Fliegens in der Atmosphäre in den Weltraum hinein. Während des knapp zehn Jahre dauernden Programms kam es zu einer Reihe kleinerer und zu zwei schwen Unfällen. Einer davon endete am 15. November 1967 für den Piloten Michael Adams tödlich, als er bei der Rückkehr vom zwölften Raumflug des Programms in einen unkontrollierbaren Flugzustand geriet. Seine X-15 zerbrach in 20 km Höhe, die Trümmer wurden über ein Gebiet von 80 km² verstreut.

Neil Armstrong, später erster Mensch auf dem Mond, im Cockpit der X-15. Er flog diese Maschine siebenmal.

U.S. AIR FORCE
NASA
66672

Oben – X 15 No.1 im Jahre 1960 mit den XLR-11 Vierkammer-Triebwerken.

Links – X-15 unter dem Flügel des B-52-Trägerflugzeugs.

Links unten: Eine X-15 kurz nach dem Ausklinken vom Trägerflugzeug.

Rechts unten – Die nach dem Unfall von McKay umgebaute und mit einem weißen Thermalschutz-Anstrich versehene X-15 No. 2 bei einem Flug im Jahre 1967 mit Zusatztanks.

Links oben – X-15 No. 2 vor dem Unfall nach einer Landung auf dem Muroc-Salzsee.

Rechts oben – X-15 No. 2 nach dem schweren Unfall von John McKay, bei dem sich die Maschine mehrmals überschlug. McKay überlebte schwer verletzt.

Links unten – September 1961: Eine Landung im Seebett des ausgetrockneten Muroc Dry Lake nach einer erfolgreichen Mission.

Rechts unten – Neil Armstrong im Dezember 1960 nach einem Flug mit der X-15.

HYD DRAIN

NASA

Woschod (russisch für Sonnenaufgang) war das Nachfolgevorhaben für das Projekt Wostok. So wie in den USA das Projekt Gemini die Brücke zwischen den Vorhaben Mercury und Apollo bildete, sollte in der Sowjetunion das Vorhaben Woschod den Transfer von der ersten Generation bemannter Raumfahrzeuge – Wostok – zum neuen Mehrzweckraumfahrzeug Sojus überbrücken. Woschod wurde, wie schon die Wostok, vom Konstruktionsbüro Koroljow entwickelt, der heutigen Firma RKK Energija. Ziel war seinerzeit vor allem, die USA im propagandistischen Wettlauf zu schlagen. Noch vor dem ersten Flug des Gemini-Programms beförderte die Sowjetunion mit Woschod 1 gleich drei Kosmonauten gleichzeitig ins All. Und zwar in leichter Freizeitkleidung - dem Westen sollte die hervorragenden Sicherheit des Raumfahrzeugs vorgetäuscht werden. In Wirklichkeit konnten die Männer aus Platzgründen in der engen Kapsel überhaupt keine Druckanzüge tragen.
Im Rahmen des zweiten Woschod-Flugs gelang Alexej Leonow das erste Außenbordmanöver der Raumfahrtgeschichte, eine Mission, die beinahe im Desaster endete. Ein letztes Mal konnten die Sowjets die Amerikaner damit im Rennen zum Mond überflügeln.

Woschod 1 (links) und Woschod 2 mit entfaltbarer Luftschleuse.

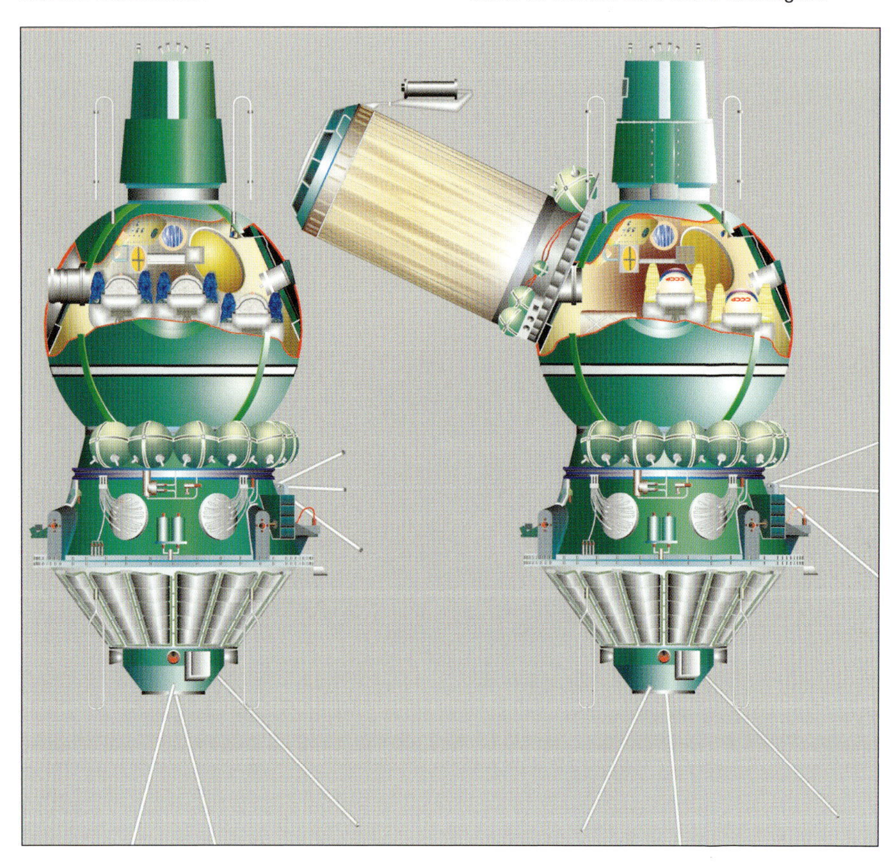

Montage der Luftschleuse an Woschod 2.

Woschod 2 Integration mit dritter Stufe und Trägerrakete.

Typenbeschreibung Woschod		
Ursprungsland	UdSSR	
Bezeichnung	R 7A 11A57 »Woschod«	
Hersteller	Designbüro Korolew	
Besatzung	2-3	
Trägerrakete	R 7A 11A57 »Woschod«	
Einsätze unbemannt/bemannt	3/2	
Module	**Versorgungsteil**	**Landemodul**
Masse (kg)	2.270	3.410
Länge (m)	2.70	2.30
Durchmesser (m)	2.43	2.30

Das Woschod-Raumschiff war im Wesentlichen eine modifizierte Wostok-Kapsel. Verbesserungen an der R7-Trägerrakete ermöglichten der aus ihr abgeleiteten R 7A 11A57 »Woschod«, eine höhere Nutzlast zu transportieren. Dadurch konnte die Rakete das gegenüber der Wostok deutlich schwerere Raumschiff tragen. An der Oberseite der Woschod befand sich eine zusätzliche Feststoffbremsrakete. Der Schleudersitz wurde zugunsten von bis zu drei Liegen entfernt. Diese waren gegenüber dem Vorgängermodell um 90° versetzt, so konnte der Raum besser genutzt werden. Die Instrumente behielten allerdings ihren ursprünglichen Platz, so dass die Besatzung fortwährend den Kopf zur Seite drehen musste.

Während die Version 3KV für drei Kosmonauten vorgesehen war, bot die Version 3KD zwei Personen Platz. Diese Version verfügte zusätzlich über eine entfaltbare, 2,5 m lange Luftschleuse, die den Ausstieg in den luftleeren Raum ermöglichte und nach dem Einsatz abgesprengt wurde.
Nachdem sich in den Woschod-Raumschiffen aus Platz- und Gewichtsgründen keine Schleudersitze unterbringen ließen, musste die Besatzung an Bord ihres Raumfahrzeugs landen. Um die sanfte Landung der relativ schweren Raumschiffe zu gewährleisten, wurden zusätzlich zum Hauptschirm Feststoffbremsraketen eingesetzt.
Es wurden zwei bemannte und drei unbemannte Flüge durchgeführt. Die unbemannten Missionen sollten dabei jeweils nur wenige Tage vor einer bemannten Mission die Konfiguration und den Flugablauf testen. Um im Westen jedoch den Eindruck zu erwecken, die Sowjetunion sei technisch so fortgeschritten, dass sie auf unbemannte Testflüge verzichten konnte, erhielten diese Missionen eine unauffällige »Kosmos«-Bezeichnung.

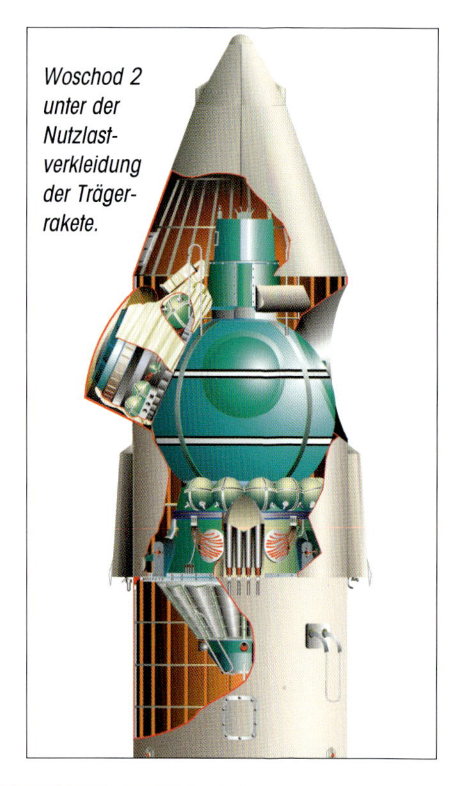
Woschod 2 unter der Nutzlastverkleidung der Trägerrakete.

Missionsübersicht

Nr.	Start	Besatzung	Flugzeit	Kommentar
Kosmos 47	06.10.1964	-	25 Std	Vorbereitungsmission für den Flug von Woschod 1.
Woschod 1	12.10.1964	W. Komarow K. Feoktistow B. Jegorow	24 Std	Erster Raumflug mit mehr als einer einer Person an Bord. Feoktistow ist der Konstrukteur der Woschod.
Kosmos 47	22.2.1965	-	3 Std	Mission scheiterte aufgrund falscher Kommandos der Kontrollstation. Selbstzerstörungsmechanismus sprengte das Raumfahrzeug drei Stunden nach dem Start.
Woschod 2	18.3.1965	P. Beljajew A. Leonow	26 Std	Erstes Außenbordmanöver in der Geschichte der Raumfahrt. Nach massiven Systemausfällen Notlandung im Ural.
Kosmos 110	22.2.1966	Hunde Veterok und Ugolyok	22 d	Erfolgreicher Vorbereitungsflug für die geplante Langzeitmission von Woschod 3.

Nur 15 Tage vor dem Start des auf 18 Flugtage angesetzten bemannten Woschod 3-Einsatzes, den die Kosmonauten Georgi Shonin und Boris Wolynow durchführen sollten, wurde dieser Flug abgesagt. Die amerikanischen Gemini-Missionen führten nun zu einem schnell wachsenden Vorsprung der Amerikaner, und weitere Woschod-Flüge – geplant waren noch fünf zusätzliche bemannte Missionen – hätten keinen Propaganda-Gewinn mehr gebracht. Überdies hatte sich das Woschod-System als außerordentlich gefährlich erwiesen.

Rechts – Woschod 1 bei der Integration. Gut zu erkennen die große Ähnlichkeit mit Wostok und die Reservebremsrakete auf der Mannschaftskabine.

Unten – Nie geflogen: Die Original Woschod 3 im Energia-Museum in Moskau.

Gemini

In den Jahren 1964 bis 1966 wickelte die NASA das Projekt Gemini ab, das Bindeglied zwischen den Programmen Mercury und Apollo. War es beim Vorhaben Mercury nur darum gegangen, schnellstmöglich einen Amerikaner in den Weltraum zu bringen, war das Programm Gemini ein sehr systematisches Unterfangen, bei dem sich die amerikanische bemannte Raumfahrt all die Fertigkeiten aneignete, die für die späteren Mondflüge notwendig waren.
Das Gemini-Raumschiff war für zwei Astronauten ausgelegt und wog gut drei Tonnen, mehr als doppelt soviel wie Mercury. Gemini führte zu fast schon routinemäßigen Weltraumflügen. Während der Abwicklung dieses Programms übernahmen die USA die Führung im Weltraumrennen mit der Sowjetunion. Als Trägerrakete kam dabei die Titan 2 zum Einsatz.

Das Gemini-Raumschiff bestand aus zwei Hauptkomponenten:

- Dem Mannschaftsmodul, an dessen Spitze sich der Kopplungsadapter und die Fallschirmbehälter befanden, und
- Dem zweiteiligen Antriebs- und Servicemodul, in dem sich die Lageregelungs- und Antriebseinheiten für den Orbitflug sowie die Retro- und Lageregelungsraketen für die Rückkehr zur Erde befanden.

Rechte Seite – Inspektion von Gemini 11 vor der Auslieferung.

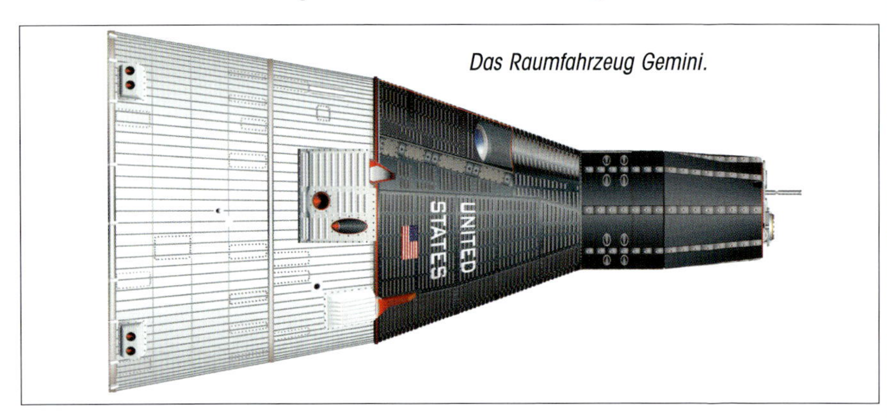

Das Raumfahrzeug Gemini.

Typenbeschreibung		
Ursprungsland	USA	
Bezeichnung	Gemini	
Hersteller	McDonnell	
Besatzung	2 (Pilot & Kopilot)	
Trägerrakete	Titan 2	
Einsätze unbemannt/bemannt	2/10	
Module	**Antriebs- und Servicemodul**	**Mannschaftsmodul**
Masse (kg)	1.850	1.950
Länge (m)	2.32	3.35
Durchmesser (m)	3.05	2.32
Lageregelungs-Triebwerke	16 x 100 N	8 x 100 N + 2 x 380 N + 6 x 420 N
Orbit-Retrotriebwerke	4 x 11,1 kN (Feststoff)	-

UNITED
STATES
MCDONNELL

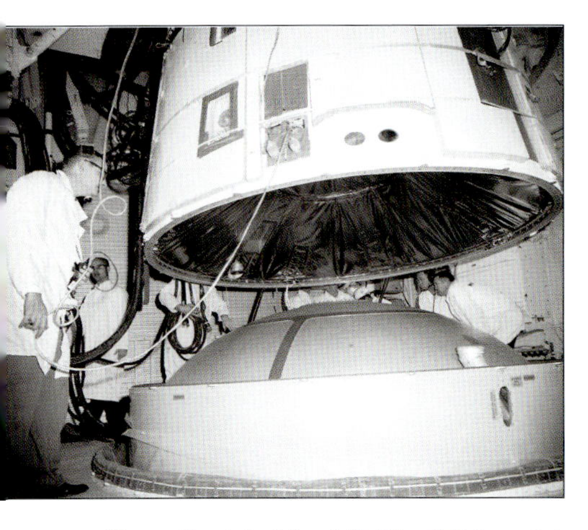

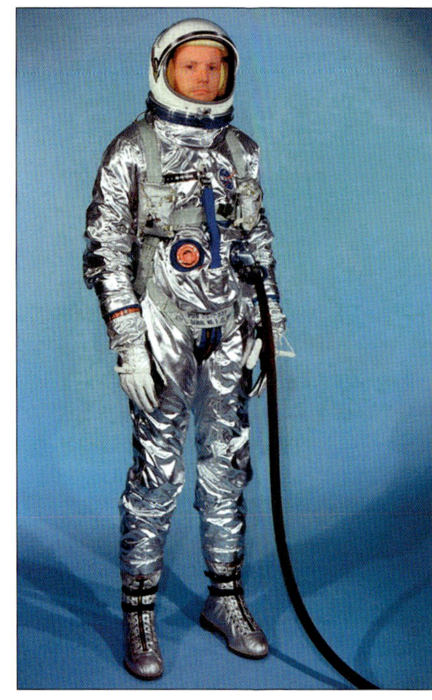

Oben – Gemini wird auf die Titan 2-Trägerrakete montiert.

Rechts – Neil Armstrong probiert einen Gemini-Raumanzug.

Unten – Virgil Grissom und John Young kurz vor dem Start von Gemini 3 in ihrer Raumkapsel.

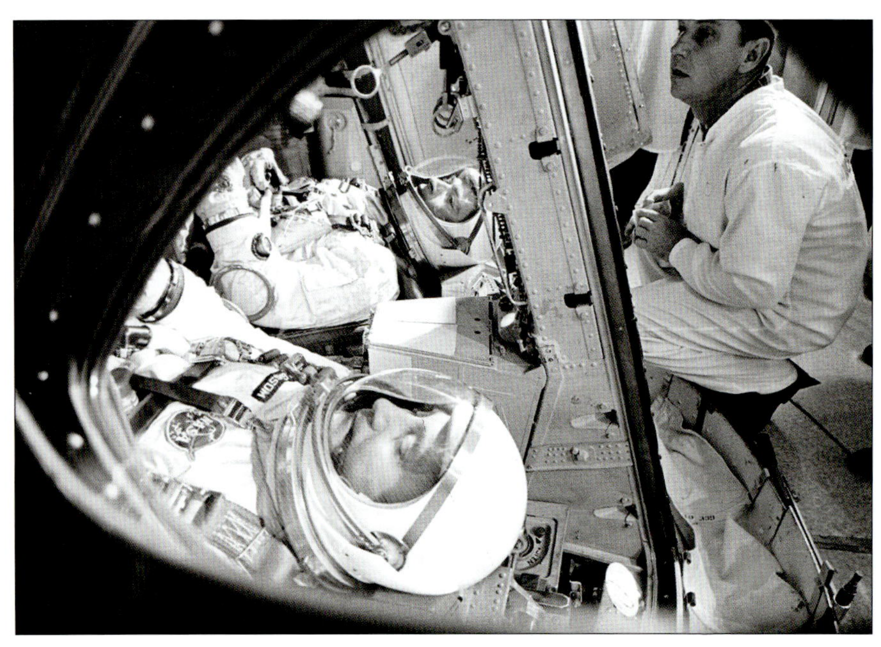

In diesem Teil waren auch die damals neuartigen Brennstoffzellen für die Stromversorgung des Raumschiffs untergrebracht, zusammen mit den Tanks für den flüssigen Sauerstoff und den flüssigen Wasserstoff. Das Reaktionsprodukt Wasser wurde von der Besatzung zum Trinken und zum Waschen genutzt.

Start von Gemini 11.

Anders als bei Mercury verfügte Gemini aus Gewichtsgründen nicht über einen Rettungsturm. Im Falle eines Versagens der Trägerrakete hätten die Astronauten Schleudersitze verwenden müssen. Diese Schleudersitze konnten bis zu einer Höhe von 30 km eingesetzt werden. Darüber hätten die Astronauten die gesamte Kapsel vom Träger abtrennen und eine konventionelle Landung durchführen müssen. Das Schleudersitzkonzept war zwar beim Start nicht so sicher wie der Rettungsturm, hatte aber den Vorteil, dass es bei einem Versagen des Fallschirmsystems auch in der Landephase hätte verwendet werden können.

Mit nur zwei unbemannten und zehn bemannten Flügen erreichte Gemini folgende Hauptmeilensteine:

- Nachweis der Arbeitsfähigkeit von Astronauten bei Missionsdauern von bis zu 14 Tagen.
- Entwicklung der Kopplungstechnik im Weltraum. Unabdingbare Voraussetzung für Mondflüge und spätere Flüge zu Raumstationen.
- Erste Flugbahn-Änderungen.
- Arbeiten im Raumanzug außerhalb der Raumkapsel.

Oben und rechts – Rendezvous zwischen Gemini 6 und Gemini 7 im Dezember 1965.

Linke Seite – Während der Mission von Gemini 4 fand das erste amerikanische Außenbordmanöver statt. Der Astronaut Edward White verließ die Raumkapsel für 36 Minuten.

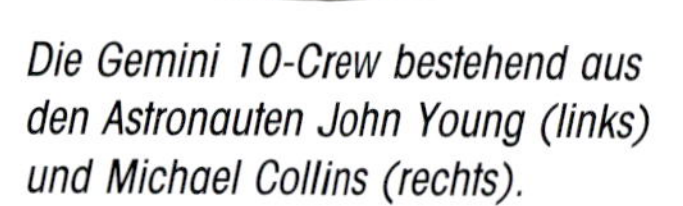

Die Gemini 10-Crew bestehend aus den Astronauten John Young (links) und Michael Collins (rechts).

Links – Landung von Gemini 9.

Unten – Rettungsschwimmer helfen Neil Armstrong und David Scott nach der Notlandung von Gemini 8 im Pazifik aus ihrer Raumkapsel.

- Perfektionierung von Ziellandungen beim ballistischen Wiedereintritt.
- Ausführung anspruchsvoller wissenschaftlicher Tätigkeiten im Orbit.

Die nachfolgende Missionsübersicht zeigt die Gemini-Missionen in chronologischer Reihenfolge. Aus diesem Grund ist der Flug von Gemini 7 vor dem Einsatz von Gemini 6 gelistet.

Missionsübersicht				
Nr.	**Start**	**Besatzung**	**Flugzeit**	**Kommentar**
Gemini 1	8.4.1964	-	3,5 Tage	Erste Testmission. Rückholung der Kapsel war nicht vorgesehen. Sie verglühte 3,5 Tage nach dem Start.
Gemini 2	19.1.1965	-	18 Min 16 Sek	Suborbitale Mission. Erprobung aller Kapselsysteme einschließlich der Wiedereintrittssysteme.
Gemini 3	23.3.1965	Virgil Grissom John Young	4 Std 52 Min	Erster bemannter Gemini-Flug. Erste Bahnveränderung im Orbit.
Gemini 4	3.6.1965	James McDivitt Edward White	4 Tage 2 Std	Erstes amerikanisches EVA (36 Minuten). Längster amerikanischer Raumflug zu diesem Zeitpunkt.
Gemini 5	21.8.1965	Gordon Cooper Charles Conrad	7 Tage 23 Std	Längster Raumflug zu diesem Zeitpunkt. Landegebiet um 170 km verfehlt.
Gemini 7	4.12.1965	Frank Borman James Lovell	13 Tage 19 Std	Längster Raumflug zu diesem Zeitpunkt. 206 Orbits. Erstes Rendezvous im Orbit (mit Gemini 6).
Gemini 6	15.12.1965	Walter Schirra Thomas Stafford	1 Tag 2 Std	Rendezvous im Orbit (mit Gemini 7).
Gemini 8	16.3.1966	Neil Armstrong David Scott	10 Std 41 Min	Erstes Dockingmanöver im Orbit mit dem Gemini Agena Target Vehicle (ATDA). Nach Kurzschluss im Lageregelungssystem Notlandung während der siebten Erdumkreisung.
Gemini 9	3.6.1966	Thomas Stafford Eugene Cernan	3 Tage 20 Min	Docking mit ATDA schlug fehl, weil sich dessen Nutzlastverkleidung nicht gelöst hatte. Cernan führte zwei EVA's mit einer Gesamtdauer von 2 Stunden 9 Minuten durch.
Gemini 10	18.7.1966	John Young Michael Collins	2 Tage 23 Std	Docking mit ATDA gelungen. EVA von Collins über 1 Stunde 29 Minuten. Erreichte Rekordhöhe (764 km).
Gemini 11	12.9.1966	Charles Conrad Richard Gordon	2 Tage 23 Std	Docking mit ATDA gelungen. EVA von Gordon. Rekordhöhe erreicht (1.364 km).
Gemini 12	11.11.1966	James Lovell Edwin Aldrin	3 Tage 23 Std	Docking mit ATDA gelungen. Insgesamt drei EVA's von Aldrin mit einer Gesamtzeit von 5 Stunden 30 Minuten.

Sojus

Das System Sojus ist seit dem Jahr 1967 das sowjetisch/russische Standard-Raumfahrzeug. Entwickelt wurde die Sojus vom legendären sowjetischen Konstrukteur Sergeij Koroljow. Es bildete zunächst in zwei Versionen die Basis des sowjetischen Mondprogramms. Die Fahrzeuge hatten die Bezeichnung Sojus 7K-L1 - bestimmt für die bemannte Mondumfliegung im Rahmen des Zond-Programms – und 7K-LOK, welches für das eigentliche

Das derzeit neueste Modell: Sojus TMA. Hier: Sojus TMA-7, fotografiert von der Internationalen Raumstation.

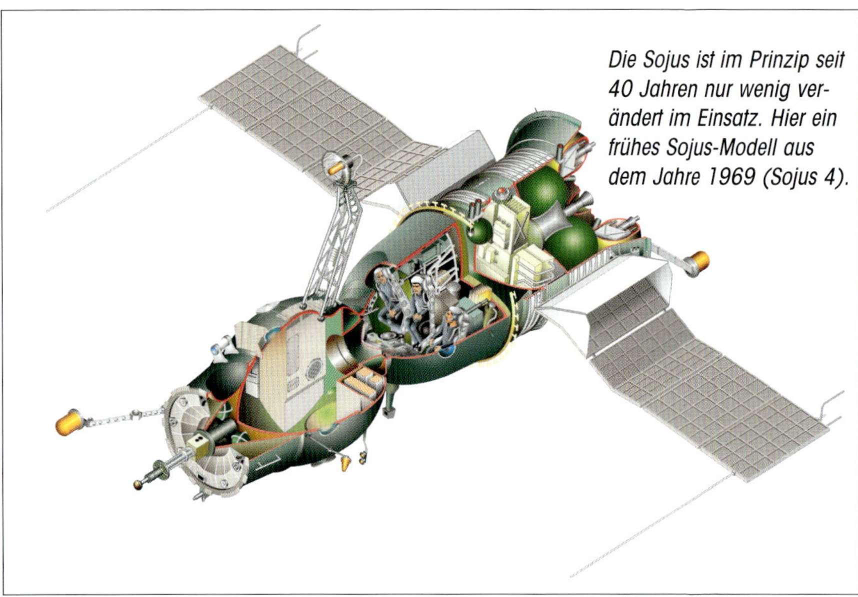

Die Sojus ist im Prinzip seit 40 Jahren nur wenig verändert im Einsatz. Hier ein frühes Sojus-Modell aus dem Jahre 1969 (Sojus 4).

Mondlandeprogramm vorgesehen war. Auf Basis dieser Mondfahrzeuge entstand die für Erdorbiteinsätze vorgesehene Sojus 11F615. Dass diese Variante der Sojus letztendlich zum Erfolgsmodell werden sollte, war in den ersten Jahren nicht abzusehen. Zahlreiche Test- und Einsatzflüge der frühen Sojus-Varianten führten wegen der überhasteten Entwicklung zu katastrophalen Fehlschlägen. Zwei der frühen Missionen (Sojus 1 und Sojus 11) endeten

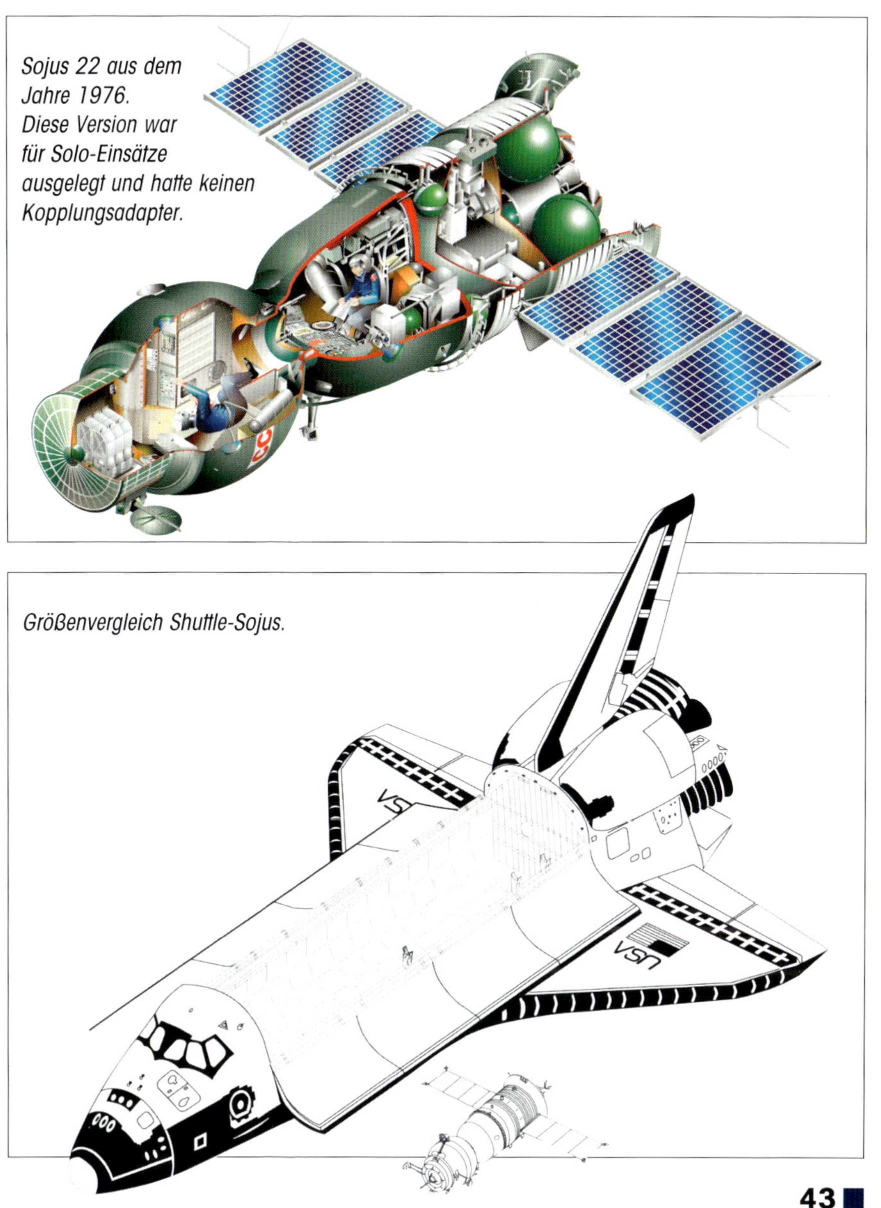

Sojus 22 aus dem Jahre 1976. Diese Version war für Solo-Einsätze ausgelegt und hatte keinen Kopplungsadapter.

Größenvergleich Shuttle-Sojus.

Typenbeschreibung Sojus TMA			
Ursprungsland	Russland		
Bezeichnung	Sojus TMA (Transportnyi Modifitsirovannyi Antropometricheskii)		
Hersteller	RKK Engergia		
Spannweite über Solargeneratoren (m)	10,6		
Gesamtmasse (kg)	7.220		
Länge (m)	7.48		
Besatzung	3		
Trägerrakete	Sojus FG		
Einsätze unbem./bemannt (alle Vers.)	Stand April 2008: 21/103		
Module	**Antrieb- und Servicemodul**	**Mannschafts-modul**	**Orbitmodul**
Masse (kg)	2.900	2.950	1.370
Länge (m)	2.26	2.24	2.98
Durchmesser (m)	2.72	2.17	2.26

Links – Sojus TMA-6 vor der Integration mit der Trägerrakete in Baikonur.

Rechts – Sojus TMA-6 auf der Startrampe 1 des Kosmodroms Baikonur.

Links – Start von Sojus TMA-6 am 15. April 2005.

Rechts oben – Landung von Sojus TMA-9 am 21. April 2007.

Rechts unten – Sojus TMA-2 nach der Landung.

jeweils bei der Landung mit dem Tod der Besatzung. Auch später kam es immer wieder zu gefährlichen Vorfällen.
Der erste – noch unbemannte – Testflug am 28. November 1966, von den Sowjets als Kosmos 133 bezeichnet, war bereits mit Problemen behaftet. Bis zuletzt gelang es nicht, die Retro-Zündung durchzuführen, und als es schließlich klappte, war die Zündung so ungenau, dass die Sowjets fürchteten, die Kapsel würde in China landen. Aus diesem Grunde wurde sie, im besten Stil des Kalten Krieges, noch vor dem Öffnen der Fallschirme in der Luft gesprengt. Somit blieb jedoch ein schwerer Konstruktionsfehler, der im Fallschirmsystem schlummerte, unbemerkt.
Der zweite Testflug endete in einem ebenso bizarren wie tragischen Vorfall, als beim Start zwar die Zentralstufe der Trägerrakete zündete, nicht aber die Booster. Wie in der Notfallsequenz vorgesehen, schaltete daraufhin auch die Zentralstufe wieder ab und die Rakete stand unbeschädigt auf der Rampe. Die Techniker waren bereits wieder daran zugange, als 27 Minuten nach dem erfolglosen Startversuch der Rettungsturm des Sojus-Raumschiffs zündete, die dritte Stufe in Brand setzte, die daraufhin explodierte und auch die gesamte übrige Rakete zur Explosion brachte. Es gab einen Toten und zahlreiche Verletzte.
Beim dritten Test am 7. Februar 1967 glückte zwar der Start, aber in der Umlaufbahn kam es zu vielen Problemen, die darin gipfelten, dass der Abstiegswinkel durch die Erdatmosphäre

Bergung aus der Sojus-Landekapsel.

zu steil war, und die heißen Gase ein Loch in den Hitzeschild brannten. Die Kapsel landete inmitten des eisbedeckten Aral-Sees, schmolz sich durch die Eisdecke und versank.
Nach diesen drei missglückten Missionen den nächsten Flug bemannt anzusetzen, war unverantwortlich und es kam, wie es kommen musste – der Flug von Sojus 1 endete in einer Katastrophe. Kosmonaut Wladimir Komarow kehrte nach einer eintägigen, mit zahllosen Systemfehlern behafteten Mission vorzeitig zu Erde zurück. Bei der Landung versagte das viel zu wenig getestete Landesystem, die Rückkehrkapsel zerschellte auf dem Boden und Komarow starb. Heute hingegen ist die Sojus ein sehr ausgereiftes Raumtransportgerät, das auch auf vereinzelte Systemfehler so robust reagiert, dass die Besatzung nicht gefährdet ist. Sie ist in der Lage, mindestens 200 Tage lang angedockt an der Raumstation zur Verfügung zu stehen. Erst danach muss das Fahrzeug ausgetauscht werden.

Die Einsatzliste der Sojus ist so lang, dass selbst eine tabellarische Übersicht den Rahmen dieses kleinen Buches sprengen würde.
Es flogen 43 Raumschiffe der Basis-Version, die ihrerseits in verschiedene Untervarianten aufgeteilt waren: Die Sojus 7K-OK, in Gebrauch bis Sojus 9; die Sojus 7K-TM, verwendet vor allem für das Apollo-Sojus-Test-Programm und zuletzt für Sojus 22 und die Sojus 7K-T, die zum letzten Mal im Mai 1981 zum Einsatz kam. Nach der Sojus 11-Katastrophe mussten die Kosmonauten bei der Landung Raumanzüge tragen, was die Besatzungsstärke auf zwei Personen begrenzte. Die 7K-T hatte keine Solargeneratoren und bezog ihren Strom aus chemischen Batterien, was ihre autonome Einsatzdauer im Orbit auf 48 Stunden beschränkte.
Erst mit der nachfolgenden Sojus-T-Serie konnten wieder drei Kosmonauten mit Raumanzug an Bord gehen. 16 Raumfahrzeuge dieser verbesserten Version starteten zwischen dem 16. Dezember 1979 (Sojus T1, unbemannt) und dem 13. März 1986 (Sojus T 15, mit Leonid Kisim und Wladimir Solowjow).

Landekapsel von Sojus TM 12 im Air & Space Museum in Washington.

Die Sojus-T war nun auch wieder mit Solargeneratoren ausgestattet, was ihre autonome Flugdauer auf vier Tage erhöhte. Im Verbund mit einer Raumstation waren sogar 180 Tage Einsatzdauer möglich.
34 Raumfahrzeuge der Version Sojus TM starteten zwischen dem 21. Mai 1986 (unbemannt) und dem 25. April 2002 (Besatzung: Gidsenko, Vittori, Shuttleworth). Diese Variante unterschied sich von der T-Version vor allem durch ein neues Rendezvous-System, verbesserte Landesysteme und einen neuen Rettungsturm.
Und bislang 13 Raumfahrzeuge der Version Sojus TMA starteten zwischen dem 30. Oktober 2002 (Sojus TMA 1 mit Sergej Saljotin, Frank de Winne und Juri Lontschakow) und dem 8. April 2008 (Sojus TMA 12 mit Sergeij Wolkow, Oleg Kononenko, und Yi So-yeon). Die TMA ist für den Zubringerbetrieb zur ISS optimiert und kann Kosmonauten mit bis zu 95 kg Gewicht und 190 cm Körpergröße an Bord nehmen (davor lag die Grenze bei 85 kg und 182 cm). Außerdem wurde das Landesystem erneut verbessert. Die Sojus TMA kann bis zu 210 Tage angedockt an der ISS verbringen.
Das Grundkonzept der Sojus besteht aus einer Aufteilung der Basiseinheiten in ein Orbitalmodul, ein Start- und Landemodul und einem Antriebs- und Servicemodul. Das Start- und Landemodul wurde so klein wie möglich gehalten und ist bei den Besatzungsmitgliedern wegen seiner Enge gefürchtet. Es hat nur einen Durchmesser von 2,17 m. Zum Vergleich: Die Apollo-Kapsel hatte einen Basisdurchmesser von immerhin 3,9 m. Das amerikanische Crew Exploration Vehicle »Orion«, ebenfalls eine Kapsel, weist einen Durchmesser von 5 m auf.
Über dem Start- und Landemodul befindet sich das ovale Orbitalmodul. Diese Einheit hat ein bewohnbares Volumen von ca. 5 m^3. In diesem Segment befindet sich auch die Toilette und eine Luke, durch die die Raumfahrer für den Start einsteigen. An der Spitze befindet sich das Rendezvous- und Dockingsystem mit der Bezeichnung »Kurs«. Ein Antriebs- und Servicemodul hinter der Besatzungskabine vervollständigt die Konstruktion. An dieser Einheit befinden sich zwei Solargeneratoren mit einer Fläche von gut 10 m^2, die nach dem Start ausgeklappt werden und etwa 1 kW an elektrischer Leistung zur Verfügung stellen. Die Besatzung kann sich in der Startphase notfalls mit einem Rettungsturm in Sicherheit bringen. Dieses System kam bei den bemannten Einsätzen der Sojus bisher zweimal erfolgreich zum Einsatz, bei Sojus 18-1 und bei Sojus T-10-1.
Das Design der Sojus ist mehrmals verbessert worden, wirkt aber trotzdem im Vergleich zu westlichen Systemen und sogar zum chinesischen Shengzhou-System, das sich in seiner Auslegung stark an Sojus anlehnt, mittlerweile veraltet.

Lunniy Korabl (LK)

Der »Lunniy Korabl« (LK) war das Gegenstück zum amerikanischen Lunar Module (LM) des Apollo-Programms. Er bestand im Wesentlichen aus einem modifizierten Sojus-Orbitalmodul auf einer Abstiegs- und Aufstiegsstufe. Wie das amerikanische LM verfügte er über vier Landebeine. Damit enden die Gemeinsamkeiten zwischen den beiden Systemen aber auch schon. Aufgrund der Nutzlastbegrenzungen des N-1 Trägers war der LK-Lander als absolutes Minimalkonzept entworfen. Anders als beim Apollo-LM gab es keinen Durchstieg über eine druckdichte Verbindung zwischen dem Orbitalmodul und dem Lander. Das bedeutete, dass der einzelne Kosmonaut, der die Mondlandung durchführen sollte, ein Außenbordmanöver durchzuführen hatte, um in den Lander einsteigen zu können. Nach dem Ende

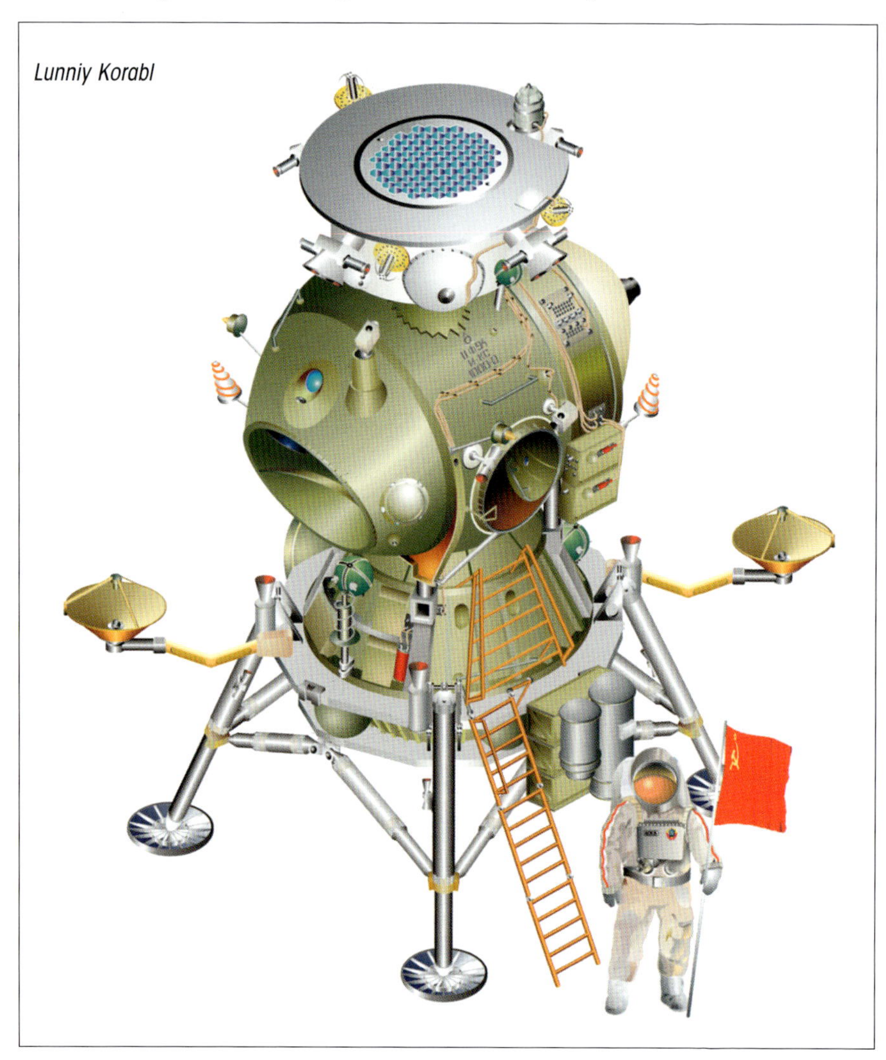

Lunniy Korabl

der Landemission war ein erneutes Außenbordmanöver erforderlich, um ihn wieder an Bord zu nehmen.
Der größte Teil des Abstiegs wäre mit einer separaten Stufe, Block D genannt, durchgeführt worden. Die Block D ist eine Oberstufe aus dem Proton-Programm. Etwa 1.500 bis 2.000 m über der Mondoberfläche wäre diese Stufe abgeworfen worden und der Lunniy Korabl hätte den restlichen Abstieg mit eigenem Antrieb durchgeführt. Dem Kosmonauten wäre nach dem Abwurf der Block D etwa eine Minute Zeit geblieben, die Landung – unterstützt von dem 20 kN leistenden RD-858 Hauptmotor – durchzuführen. Gleich danach wäre der einzige Ausstieg der Mission erfolgt. Danach wäre der Kosmonaut wieder in den LK zurückgeklettert, hätte das Triebwerk gezündet und wäre wieder

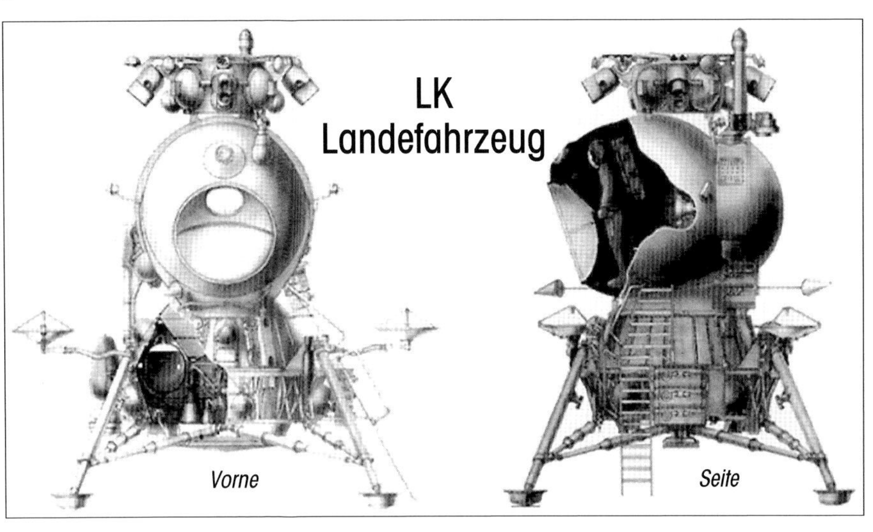

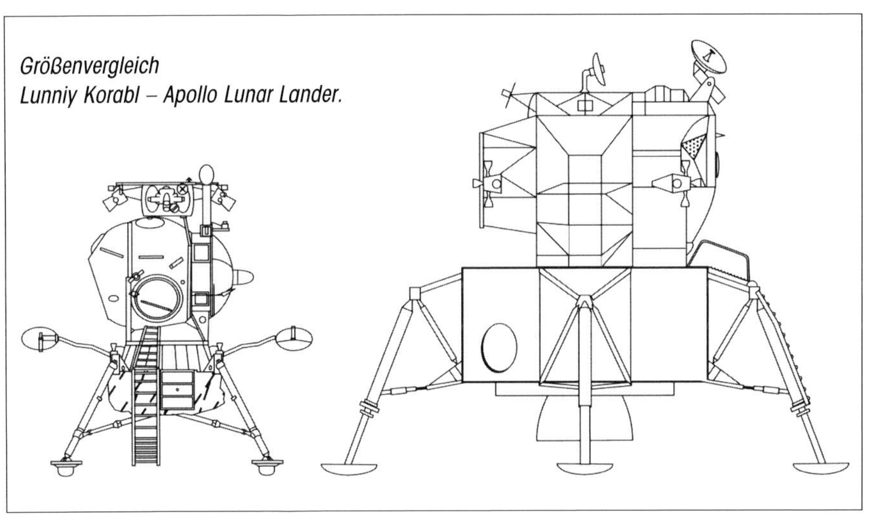
Größenvergleich
Lunniy Korabl – Apollo Lunar Lander.

Skizze der finalen Abstiegsphase zur Mondoberfläche.

Beginn der Trennsequenz von Landegestell und Rückkehrstufe.

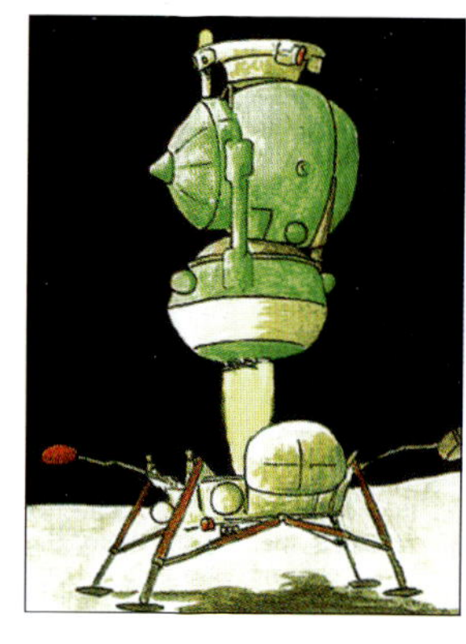

Beginn des Aufstiegs in die Mondumlaufbahn.

Originalgroßes Modell des Lunniy Korabl in Eurodisney, Paris.

in die Umlaufbahn zum Mutterfahrzeug zurückgeflogen. Die Landebein-Einheit hätte dabei als Startrampe gedient, und wäre auf dem Mond zurückgeblieben. Die ganze Lande-, Exkursions- und Aufstiegsaktivität hätte nur wenige Stunden gedauert.

Die Mission in dieser Form, mit dem einzelnen Kosmonauten, dem winzigen Lander und dem komplexen Verfahren wirkt aus heutiger Sicht wie ein aberwitziges Selbstmordkommando, doch hatte Programmchef Wassilij Mischin durchaus Reserven eingeplant. Zum einen war der Lander selbst mit drei Triebwerken ausgestattet, einem Haupttriebwerk und zwei kleineren Triebwerken, die als Reserve-Einheiten verwendet werden konnten. Zum anderen plante er, an der Landestelle bei einer vorausgehenden Mission einen unbemannten Lander zu platzieren und überdies ein Lunochod-Fahrzeug, für den Fall, dass der bemannte Lander zu weit vom Reserve-Landegerät niedergehen sollte. Mit diesem Lunochod sollte dann der Kosmonaut zum Reserve-Lander fahren.

Die hier abgebildeten Fotos stammen alle von dem originalgroßen Mock-up des sowjetischen Landegerätes, das heute in Paris in der Anlage von Eurodisney besichtigt werden kann. Man muss sich die Originale trotzdem ein wenig anders vorstellen. Zunächst wäre das Fahrzeug zum großen Teil mit grünen Thermalschutzmatten bedeckt gewesen, und der einzelne, auf dem Mond gelandete Kosmonaut hätte nicht den Orlan-Raumanzug getragen, den die Puppe am Modell fälschlicherweise trägt, sondern einen Anzug mit der Bezeichnung »Kretchet« (siehe Abbildung). Dieser Anzug wurde vom Svesda-Konstruktionsbüro entworfen, wog voll ausgerüstet etwa 90 kg (auf dem Mond nur ein Sechstel dieses Gewichtes) und konnte zehn Stunden betrieben werden, bevor die Verbrauchsstoffe wieder aufgefüllt werden mussten. Er war für eine Gesamtbetriebszeit von 48 Stunden ausgelegt: Für die beiden Außenbordmanöver, die notwendig waren, um

Typenbeschreibung Lunniy Korabl	
Ursprungsland	UDSSR
Bezeichnung	Lunniy Korabl
Hersteller	Yangel L.K.
Besatzung	1
Trägerrakete	N-1
Einsätze unbemannt/bemannt	3/0
Masse (kg)	5.560
Höhe (m)	5.20
Durchmesser (m)	2.43

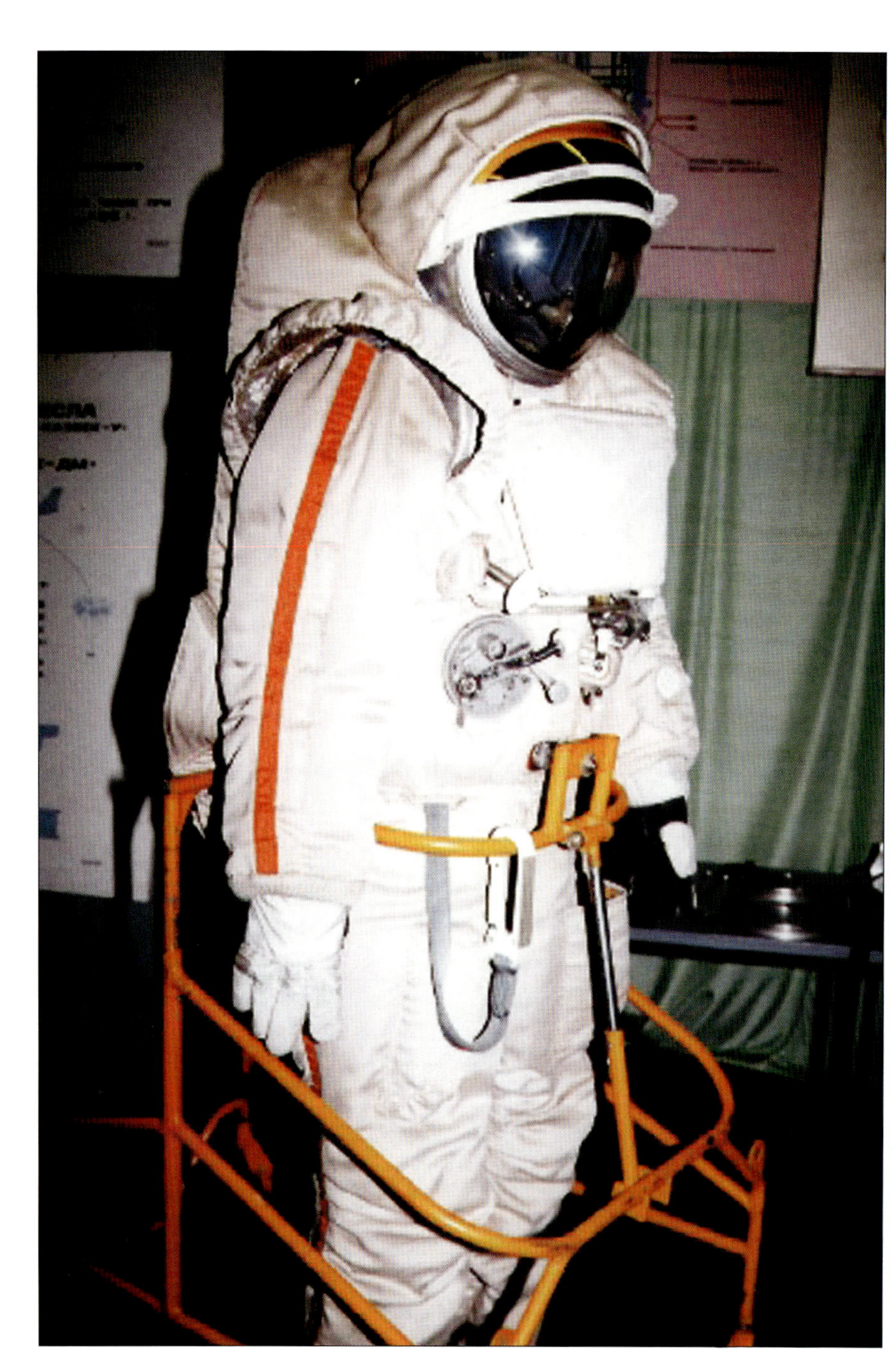

Nr.	Startdatum	Kommentar
Kosmos 379	24.11.1970	Test des gesamten Flugverlaufes nach der Trennung von der Block D-Stufe, inklusive einer simulierten Landung und des Aufstiegs von der Mondoberfläche mit der Abtrennung vom Landegestell.
Kosmos 398	26.02.1971	Ähnliche Flugmanöver wie bei Kosmos 379, jedoch mit – simuliert – geringeren Reserven.
Kosmos 434	12.08.1971	Wiederholung des Flugprofils von Kosmos 398. Nach dieser Mission war der sowjetische Mondlander einsatzbereit.

von der Sojus-Orbitaleinheit in das Mondfahrzeug zu kommen, für den Ausstieg auf dem Mond und für den erneuten Umstieg vom Mondlander in die Sojus nach der Rückkehr des Kosmonauten von der Oberfläche.
Das LK-Raumfahrzeug wurde dreimal – unbemannt – in der Erdumlaufbahn getestet. Alle drei Flüge verliefen überaus erfolgreich. Die Fahrzeuge wurden dabei mit einer Spezialversion der Sojus, der Version 11A511L gestartet, die über eine besonders voluminöse Nutzlastverkleidung verfügte. Den Geheimhaltungsprinzipien der damaligen Zeit entsprechend, erhielten die drei Flüge des LK-Landers jeweils eine »Kosmos«-Bezeichnung:
Nachdem die N-1 Trägerrakete jedoch nie den Status der Flugreife erzielte, konnte die an sich einsatzbereite und getestete bemannte Landeeinheit der Sowjetunion auch nie ihre Fähigkeiten unter Beweis stellen.

Links – Kretchet-Raumanzug des sowjetischen Mondlandeprogramms.

Rechts – Detailansicht des Versorgungstornisters. War dieser weggeklappt, dann diente die Öffnung als Einstieg in den Anzug.

Sojus 7K-L1 »Zond« und Sojus 7K-LOK

Die »Zond«, wie die Sojus 7K-L1 populär hieß, war für das zirkumlunare bemannte Mondprogramm der Sowjetunion bestimmt. Bei diesem Fluggerät handelte es sich um ein absolutes Minimal-Design. Das Programm verlief vor allem seitens der Proton K Block D-Trägerrakete so katastrophal, dass die geforderte Anzahl von drei erfolgreichen unbemannten Missionen in Folge als Vorbedingung für einen ersten bemannten Versuch nie erreicht wurde. Als einzige Sojus-Version verfügte die Zond über kein Orbitalmodul. Es bestand lediglich aus der Start- und Rückkehrkabine und dem Service-Modul. Um eine Ausstiegsluke an der Seite des Raumfahrzeugs zu erhalten, wurde obendrein auch noch auf den Reserve-Fallschirm verzichtet.

Das zirkumlunare Mondprogramm war ein Desaster von Anfang an. Nur die Missionen von Zond 7 und 8 konnten zufriedenstellend abgewickelt werden. Und nicht nur die Raumfahrzeuge selbst, auch die Trägerraketen zeigten sich unausgereift. Ihrer miserablen Zuverlässigkeit war es allerdings zu verdanken, dass das Rettungssystem der Sojus bei den zahlreichen Startversagern ausgiebig getestet werden konnte. Es rettete in der späteren Einsatzhistorie der Sojus zwei Besatzungen das Leben.

Die Einzelmissionen der Zond waren:

- Kosmos 146: Die Erprobung eines Zond-Dummies in einer niedrigen Erdumlaufbahn am 10. März 1967 verlief zufriedenstellend.
- Kosmos 154: Am 8. April 1967 erreichte die Proton mit der Zond nur eine niedrige Erdumlaufbahn. Die Zündung der Block D-Oberstufe in Richtung Mond misslang und das Raumfahrzeug verglühte zwei Tage später in der Erdatmosphäre.
- Eine nicht benannte Zond-Mission scheiterte am 27. September 1967 bereits 67 Sekunden nach dem Start wegen eines Triebwerksausfalls in der ersten Stufe der Proton. Das Rettungssystem brachte die Kapsel in Sicherheit.
- Bei einer weiteren nicht benannten Zond-Mission am 22. November 1967 versagte die zweite Stufe der Proton vier Sekunden nach der Zündung. Das Startrettungssystem brachte die Kapsel in Sicherheit.
- Am 22. April 1968 löste das Startrettungssystem aufgrund einer Fehlfunktion aus, obwohl die Trägerrakete diesmal einwandfrei funktionierte. Die Kapsel ging 520 km von der Startstelle entfernt sicher nieder.
- Am 2. März 1968 erreichte Zond 4 eine zirkumlunare Bahn (mit Zond 1-3 wurden

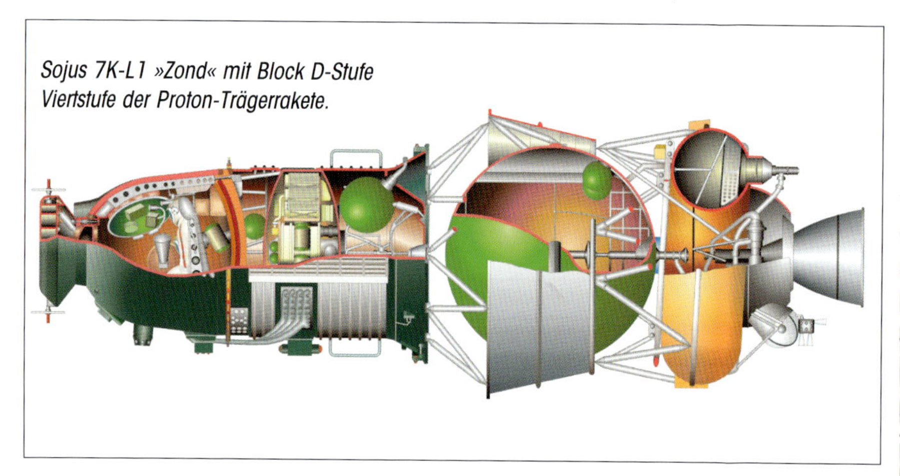

Sojus 7K-L1 »Zond« mit Block D-Stufe Viertstufe der Proton-Trägerrakete.

Die Landekapseln sind kaum zu unterscheiden. Im Energia-Museum Moskau nebeneinander Zond 5 (links) und Sojus 3 (rechts).

irritierenderweise Raumsonden zu Venus und Mars benannt). Bei der Landung nach fünf Flugtagen versagte das Navigationssystem der Kapsel und statt über der Sowjetunion erfolgte der Wiedereintritt über dem Golf von Guinea. General Ustinov ließ die Kapsel daraufhin in 12 km Höhe sprengen, damit sie nicht dem »Klassenfeind« in die Hände fiel.

- Zond 5 am 14. September 1968 umflog den Mond in einer Entfernung von 1.950 km. Der Flug verief bis fast zur Landung erfolgreich. Dann wurde jedoch aufgrund eines Fehlers der Bodenkontrolle die Steuerplattform abgeschaltet und der Wiedereintritt erfolgte mit mehr als 20g. Eine Besatzung hätte dies nicht überlebt.

Keine Mondumlaufbahn, sondern ein hochelliptischer Erdorbit: Das zirkumlunare Flugprofil der Zond.

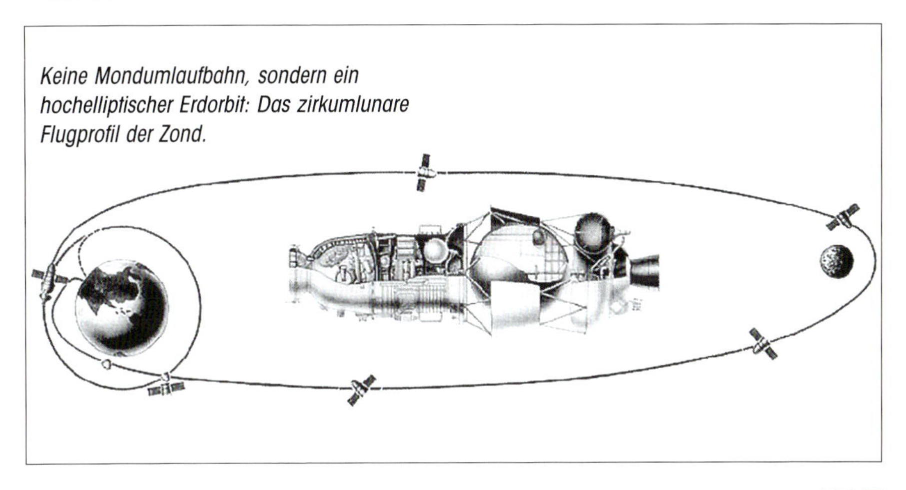

Typenbeschreibung Zond (Sojus 7K-L1) und Sojus 7K-LOK		
	Zond (Sojus 7K-L1)	**Sojus 7K-LOK**
Ursprungsland	Sowjetunion	Sowjetunion
Bezeichnung	7K-L1 »Zond«	7K-LOK
Hersteller	NPO Korolew	NPO Korolew
Masse (kg)	5.680	9.850
Länge (m)	4,88	10,06
Durchmesser (m)	2,72	2,93
Trägerrakete	Proton 8K82K	N 1
Spannweite über Solargeneratoren (m)	9,0	-
Einsätze unbemannt/bemannt	11/0	2/0

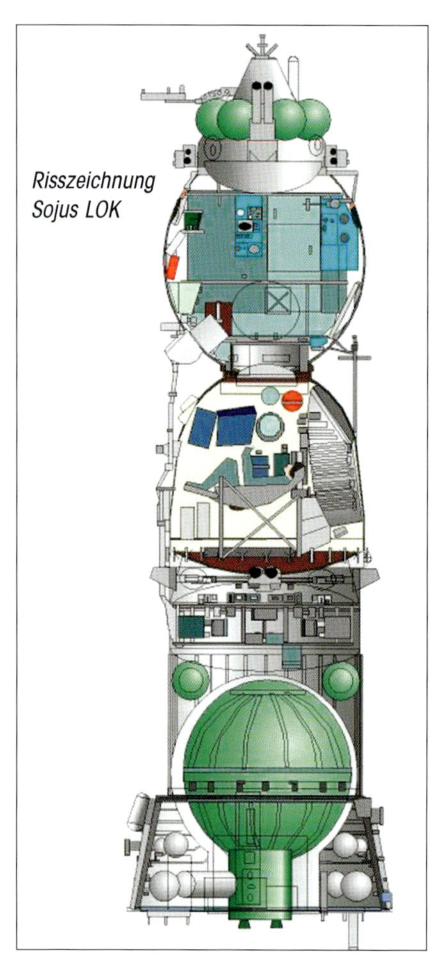
Risszeichnung Sojus LOK

- Zond 6 startete am 18. November 1968. Der Flug verlief erfolgreich bis zur Landung. Ein Fehler bei der Ausstoßsequenz des Fallschirms führt jedoch zum Absturz der Kapsel.
- 20. Januar 1969 – eine weitere Zond-Mission wird nicht benannt, weil wieder die Trägerrakete versagte. Das vielgeprüfte Rettungssystem arbeitet jedoch wieder perfekt und die Kapsel landet in der Mongolei.
- Die fünftägige Mission von Zond 7, gestartet am 7. August 1969 verlief erfolgreich.
- Zond 8, gestartet am 20. Oktober 1970 absolvierte ebenfalls einen erfolgreichen Flug.

Oben – Integration der Zond mit der Proton-Trägerrakete.

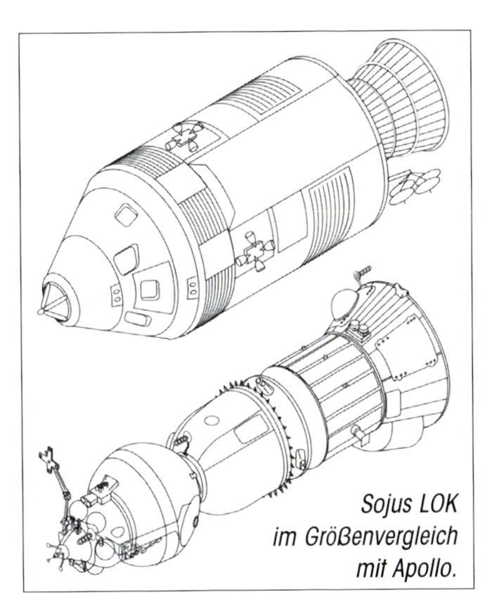
Sojus LOK im Größenvergleich mit Apollo.

Nach der Mission von Zond 8 hätte es nur noch eines erfolgreichen Fluges bedurft, um die bemannte Einsatzreife zu erlangen. Nachdem die USA aber zu diesem Zeitpunkt bereits routinemäßig bemannte Mondlandungen durchführten, hätte eine einfache zirkumlunare Mission keinen Prestigegewinn mehr für die Sowjetunion gebracht. Das Programm wurde daher eingestellt.

Bessere Bilder sind aus den 60er-Jahren nicht erhältlich: Die »Zond-Proton«.

Ähnlich desaströs wie bei der Zond verliefen auch die Flüge der 7K-LOK. Jedes Mal versagte die Trägerrakete N-1 bereits in der Anfangsphase der Mission, jedes Mal wäre aber trotz der explodierenden Rakete die Besatzung gerettet worden, denn der Rettungsturm funktionierte einwandfrei.
Die Sojus 7K-LOK war die umfangreichste Modifikation, die im Sojus-Programm je durchgeführt wurde. Im Grunde war nur noch die äußere Form der Basis-Sojus ähnlich. So war das Wohnsegment mit einem anderen Docking-System (»Kontakt« statt »Igla«) ausgestattet. Dieses System verband die LOK mit dem LK-Lander. Das Wohnmodul verfügte auch über eigene Lageregelungstriebwerke. Die Landekapsel war erheblich schwerer als die der Orbit-Sojus und das Service-Modul war nur noch in den äußeren Abmessungen der »normalen« Sojus ähnlich, versteckte sich doch unter der Verkleidung die massive Block I-Antriebseinheit mit großer Treibstoffmenge, um das Fahrzeug wieder aus dem Mondorbit zu beschleunigen. Dabei wäre das Wohnmodul noch im Mondorbit - vor der Beschleunigungsphase für den Erdtransfer – abgestoßen worden. Die dreitägige Rückkehr hätten die Kosmonauten dann in der qualvoll engen Rückkehrkabine verbringen müssen.
Die Sojus 7K-LOK war auch nicht mit Solargeneratoren ausgestattet, sondern erstmals in der sowjetischen Raumfahrt mit Brennstoffzellen. Die sowjetische Mondmission sollte mit einer nur zweiköpfigen Besatzung durchgeführt werden. Nur einer der beiden Kosmonauten sollte, sobald die Mondumlaufbahn erreicht war, in einem Außenbordmanöver in den LK-Lander umsteigen und für einige Stunden auf dem Erdtrabanten landen.
Am Ende wurde die LOK nur zweimal gestartet, beide Male in einer Vorserienversion. Beide Male versagte die N1-Trägerrakete. Für die beiden letzten – ebenfalls gescheiterten – Versuchsstarts der N1 wurden nur noch Nutzlast-Dummies verwendet.

Apollo Command und Service Module (CSM)

Kernstück eines jeden Apollo-Raumschiffs war das von der Firma North American Aviation ab November 1961 entwickelte und gebaute Command Module (CM), die Kommandoeinheit des Apollo-Systems. Dort hielten sich die drei Astronauten während des Fluges die meiste Zeit auf. Der Wiedereintritt in die Erdatmosphäre und die nachfolgende Wasserung waren alleine damit möglich.

Jedem der drei Astronauten standen 2 m³ Raum zur Verfügung. Der Druck im Inneren der Kapsel entsprach während des Starts dem Luftdruck auf Meereshöhe. Als Atemgemisch wurde in dieser Phase Stickstoff und Sauerstoff verwendet. Im Weltraum wurde der Druck auf 0.34 Atmosphären gesenkt und die Luft durch reinen Sauerstoff ersetzt. Bis zur Apollo 1-Katastrophe, als die Astronauten Grissom, White und Chaffee während eines Countdown-Tests durch ein Feuer in der Kapsel ums Leben kamen, war auch am Boden reiner Sauerstoff verwendet worden.

Die Konstruktion des CM bestand aus einer inneren und einer äußeren Schale, die durch eine Glasfaserschicht voneinander isoliert waren. Die innere Schale war aus Aluminium gefertigt, die äußere aus rostfreiem Stahl. An der Unterseite des CM befand sich ein etwa 5 cm dicker gewölbter Hitzeschutzschild aus glasfaserverstärktem Epoxidharz. Beim Wiedereintritt wurden Temperaturen von 2800°C erreicht. Der Hitzeschild wurde zunächst weißglühend, verkohlte dann und schmolz schließlich langsam ab. Bedingt durch diese Schmelz-

Das Kommandomodul von Apollo 1 in der Endmontage. In dieser Kapsel kamen später die Astronauten Grissom, White und Chaffee bei einem Countdown-Test auf der Startrampe ums Leben.

kühlung lag die Temperatur auf der Innenseite des Schildes lediglich bei etwa 100°C.
Im oberen Teil des CM befanden sich der Andockmechanismus mit Tunnel und Luke für das Lunar Module (LM) sowie das Earth Landing System (ELS) mit den Bremsfallschirmen und drei Ballons, welche die Kapsel nach der Landung auf der Wasseroberfläche stabilisierten. Ebenfalls im oberen Teil des CM befanden sich zwei der insgesamt zwölf Lageregelungstriebwerke der Kapsel.
Den mittleren Teil bildete die Pilotenkabine. Einen Teil des Raumes nahmen die Konturenliegen der drei Astronauten ein, die an Stoßdämpfern aufgehängt waren. Der Platz des Kommandanten war auf der linken Seite, in der Mitte saß der Pilot des CM und ganz rechts der Pilot der Mondfähre. Das CM hatte zwei Luken und fünf Fenster. Die Luke an der Seite diente vor dem Start als Zugang und nach der Landung als Ausstieg. Nach den schrecklichen Erfahrungen mit Apollo 1 konstruierte man die Luke so um, dass sie sich binnen Sekunden sowohl von außen, als auch von innen öffnen ließ und so den Astronauten im Gefahrenfall einen schnellen Ausstieg ermöglichte. Die obere Luke wurde nur im Weltraum benutzt und diente zum Hinüberwechseln in die Mondfähre. Vor den Sitzen befand sich die Hauptkontrolltafel mit 24 Instrumenten, 566 Schaltern, 40 Zeigern und 71 Lampen.
Im unteren Teil des Kommandomoduls befanden sich die anderen zehn Triebwerke zu je fünf Paaren verteilt knapp oberhalb des Hitzeschutzschildes. In diesem unteren Teil befanden sich auch Sauerstoff- und Treibstofftanks, die Tanks für das Druckgas Helium und die Energieversorgungssysteme des CM.
Das ebenfalls von North American Aviation gebaute Service Modul (SM) war der Triebwerks-

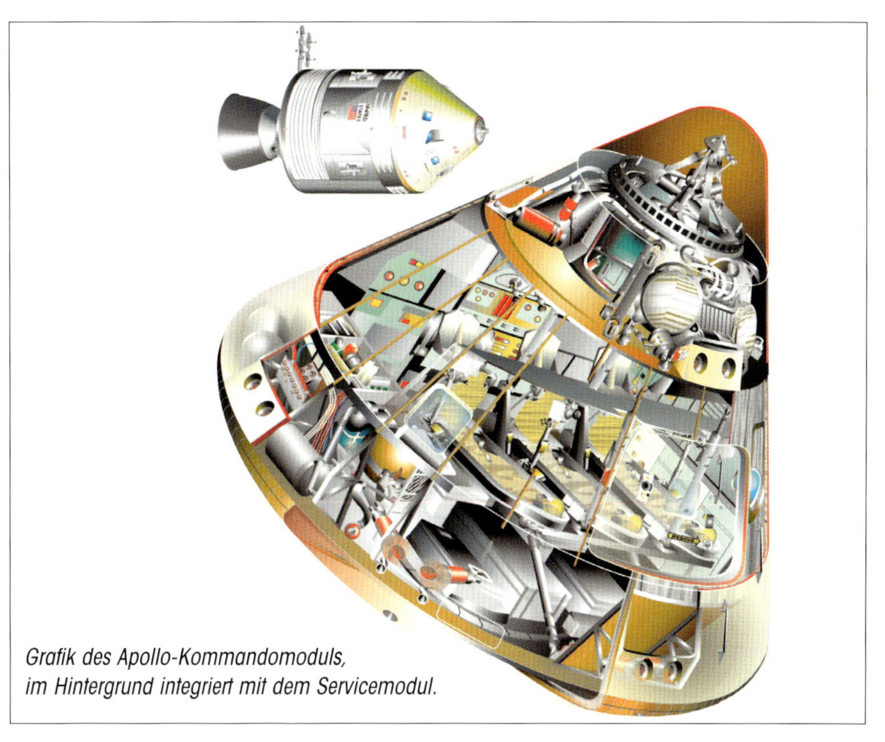

Grafik des Apollo-Kommandomoduls, im Hintergrund integriert mit dem Servicemodul.

Test des Apollo Launch Escape Systems.

und Versorgungsteil des Apollo-Raumschiffs. Hier befanden sich die Lageregelungseinheiten, ca. 18 t Treibstoffe, das Haupttriebwerk, Kommunikations- und Lebenserhaltungssysteme und weitere Komponenten. An der Außenwand des SM befanden sich jeweils um 90° versetzt die vier Lageregelungseinheiten (RCS) mit ihren jeweils vier Triebwerken. Mit ihnen wurde die Raumlage der Apollo-Kombination geregelt. Am Ende des SM befand sich die aus insgesamt vier Parabolschalen zu je 78 cm im Durchmesser bestehende S-Band Richtantenne. Aus dem Zylinder des SM ragte in Längsrichtung die 2,8 m lange um einige Grad schwenkbare Düsenglocke des Service Propulsion System-Motors (SPS) heraus. Die Gesamtlänge dieser Einheit betrug knapp 4 m. Die Konstruktion war aus Zuverlässigkeitsgründen sehr einfach gehalten. Auf Pumpen verzichtete man ebenso wie auf einen komplizierten und störanfälligen Zündmechanismus. Die Treibstoffe (Aerozin 50 und Stickstoff-Tetroxid) wurden mit Hilfe von Helium in die Brennkammer gepresst und entzündeten sich bei Kontakt spontan. Das SPS-Triebwerk wurde für größere Bahnkorrekturen, die Bremszündung in der Mondumlaufbahn und zum Einschuss in die Rückkehrbahn zur Erde verwendet. Darüber hinaus konnte es bei einem Notfall nach dem Abtrennen des Launch Escape Systems (LES) eingesetzt werden. CM und SM wurden zusammen als CSM bezeichnet. Die beiden Teile bildeten bis etwa

Typenbeschreibung Apollo Command- und Service Modul		
Ursprungsland	USA	
Bezeichnung	Apollo Command & Service Module	
Hersteller	North American Aviation	
Trägerrakete	Saturn 1 b und Saturn 5	
Besatzung	3	
Einsätze unbemannt/bemannt	4/15	
Module	**Command Module**	**Service Module**
Masse (kg)	5.900	25.000
Länge (m)	3.23 (ohne Nasenkonus)	7,50
Durchmesser (m)	3.91	3.91
Hauptantrieb	-	Aerojet AJ10-137
Schubkraft Hauptantrieb	-	98 kN
Lageregelungstriebwerke	12 x 420 N	16 x 420 N

Rechts – Die Kommandokapsel von Apollo 17, umhüllt mit blauer Plastikfolie, wird für die Integration mit dem Servicemodul vorbereitet.

Links unten – Kommandokapsel und Servicemodul von Apollo 7 sind miteinander verbunden. Das CM ist noch mit der blauen Schutzfolie umhüllt.

Rechts unten – Im Vehicle Assembly Building (VAB) am Kennedy Space Flight Center wurde die Rakete (hier Apollo 12) zusammengesetzt und mit einem gigantischen Raupenschlepper zur Startrampe gefahren.

Start von Apollo 17.

Apollo 15 CSM in der Mondumlaufbahn, fotografiert von der Landefähre »Falcon«.

eine Stunde vor dem Wiedereintritt in die Erdatmosphäre eine Einheit. Dann wurde das CM auf eigene Stromversorgung durch die Bordbatterien geschaltet, und vom SM abgetrennt. Das Kommandomodul manövrierte danach mit seinem eigenen Lageregelungssystem, um mit dem Hitzeschutzschild voran in die Atmosphäre einzutreten.

Mit dem Launch Escape System (LES), auch als Fluchtturm bezeichnet, verfügte das Apollo-Raumfahrzeug über ein Rettungssystem, das im Notfall noch vor dem Start oder während der ersten Startphase eingesetzt worden wäre. Das LES war knapp 10,2 m lang, hatte einen Durchmesser von 66 cm und wog etwa 4,2 t. Es befand sich an der Spitze der Saturn-Trägerrakete, direkt über dem Command Module mit den Astronauten. Es umhüllte die Kapsel mit einer hitzebeständigen kegelförmigen Hülle und schützte das CSM vor den hohen Reibungstemperaturen (etwa 650°C) beim Durchfliegen der unteren Erdatmosphäre und im Notfall vor dem heißen Feuerstrahl der drei Raketenmotoren. Bei planmäßigem Flugverlauf wurde das LES nach Brennschluss der 1. Stufe in ca. 90 km Höhe abgeworfen. Sowohl die Saturn 5 als auch die kleinere Saturn-IB waren bei bemannten Missionen stets mit einem Rettungsturm ausgestattet. Er musste aber nie eingesetzt werden.

Die nachfolgende Missionsübersicht zeigt alle Flüge des Apollo-CSM in chronologischer Folge.

Missionsübersicht				
Nr.	**Start**	**Besatzung**	**Flugzeit**	**Kommentar**
AS 201 (Apollo 1)	26.2.1966	-	36 Min 59 Sek	Unbemannter, suborbitaler Testflug mit Saturn 1b. Erzielte Höhe: 488 km. Distanz: 8.472 km.
AS 202 (Apollo 2)	25.8.1966	-	1 Std 33 Min	Eine Erdumkreisung. Erprobung vor allem des Wiedereintrittssystems. Erzielte Höhe 1188 km.
Apollo 4	9.11.1967	-	8 Std 37 Min	Erster Flugtest Saturn 5. CSM erreichte Höhe von 18.220 km und eine Geschwindigkeit von 40.100 km/h.
Apollo 6	4.4.1968	-	10 Std 23 Min	Zweiter Qualifikationsflug Saturn 5. Letzter Qualifikationsflug des Apollo CSM vor den bemannten Einsätzen.
Apollo 7	11.10.1968	Walter Schirra Donn Eisele W. Cunningham	10 Tage 20 Std	Erste bemannte Mission des Apollo-Programms. Erdorbitflug, 163 Erdumkreisungen. Träger: Saturn 1b.
Apollo 8	21.12.1968	Frank Borman James Lovell William Anders	6 Tage 3 Std	Erster bemannter Einsatz der Saturn 5. Erster bemannter Mondflug. Zehn Mondumkreisungen.
Apollo 9	3.3.1969	James McDivitt David Scott R. Schweikardt	10 Tag 1 Std	Erster bemannter Einsatz der Mondlandefähre (in der Erdumlaufbahn). 151 Erdumkreisungen.
Apollo 10	18.5.1969	Thomas StaffordJ John Young Eugene Cernan	8 Tage 0 Std	Generalprobe für die Mondlandung. 31 Mondumkreisungen. Acht Stunden getrennter Flug Apollo CSM und LM.
Apollo 11	16.7.1969	Neil Armstrong Edwin Aldrin Michael Collins	8 Tage 3 Std	Erste bemannte Mondlandung erfolgt im Mare Tranquillitatis. 30 Mondorbits.
Apollo 12	14.11.1969	Charles Conrad Richard Gordon Alan Bean	10 Tage 5 Std	Zweite bemannte Mondlandung erfolgt im Mare Procellarum. 45 Mondumkreisungen.
Apollo 13	11.4.1970	James Lovell John Swigert Fred Haise	5 Tage 23 Std	Mondlandung scheitert wegen Explosion eines Sauerstofftanks im SM. Zirkumlunarer Flug mit sofortiger Rückkehr zur Erde.
Apollo 14	5.2.1971	Alan Shepard Stuart Roosa Edgar Mitchell	9 Tage 0 Std	Dritte Mondlandung erfolgt im Fra Mauro Hochland. 34 Mondumkreisungen.
Apollo 15	26.7.1971	David Scott Alfred Worden James Irwin	12 Tage 7 Std	Vierte Mondlandung erfolgt im Headley Appennin. 74 Mondumkreisungen.
Apollo 16	16.4.1972	John Young Th. Mattingly Charles Duke	11 Tage 2 Std	Fünfte Mondlandung erfolgt im Descartes Hochland. 64 Mondumkreisungen.

Nr.	Start	Besatzung	Flugzeit	Kommentar
Apollo 17	7.12.1972	Eugene Cernan Ronald Evans H. Schmidt	12 Tage 14 Std	Sechste Mondlandung erfolgt im Taurus Littrow-Gebirge. 75 Mondumkreisungen.
Skylab 2	25.5.1973	Charles Conrad Joseph Kerwin Paul Weitz	28 Tage 1 Std	Erste Mission des Skylab-Programms. 404 Erdumkreisungen.
Skylab 3	28.7.1973	Alan Bean Owen Garriott Jack Lousma	59 Tage 11 Std	Zweite Skylab-Mission. 858 Erdumkreisungen.
Skylab 4	16.11.1973	Gerald Carr Edward Gibson William Pogue	84 Tage 1 Std	Dritte Skylab-Mission. 1.214 Erdumkreisungen.
ASTP	15.7.1975	Thomas Stafford Vance Brand Donald Slayton	9 Tage 7 Std	138 Erdumkreisungen. 47 Stunden lang gemeinsame Aktivitäten mit Sojus 19.

Landung von Apollo 16.

Apollo Lunar Module (LM)

Das von Grumman seit dem Beginn des Jahres 1963 für die NASA entwickelte und gebaute Lunar Module (LM) war die Landeeinheit des Apollo-Systems. Der Zweck dieses zweiteiligen Raumfahrzeugs bestand darin, zwei der drei Astronauten die Landung auf der Mondoberfläche zu ermöglichen, ihnen während des Aufenthalts als Basis zu dienen und sie nach Abschluss der Oberflächen-Aktivitäten wieder zum im Mondorbit kreisenden Command Service Module (CSM) zurückzubringen. Anschließend hatte es seine Aufgabe erfüllt und wurde in der Regel gezielt auf der Mondoberfläche zum Absturz gebracht. Nachdem das LM ausschließlich im Vakuum des Weltraums operierte, spielte Aerodynamik keine Rolle. Um Gewicht zu sparen, wurden überwiegend leichte Aluminiumlegierungen verwendet. Die Außenwand war dabei in Bereichen ohne Strukturbelastung nicht viel mehr als dicke Aluminiumfolie. Bei Teilen mit größerer Beanspruchung, wie etwa der Abstiegsstufe verwendete man zur Strukturverstärkung Titan. Das Gesamtgewicht des LM betrug in den ersten Versionen 14,7 t, wobei die Treibstoffe mit 10,8 t einen Großteil des

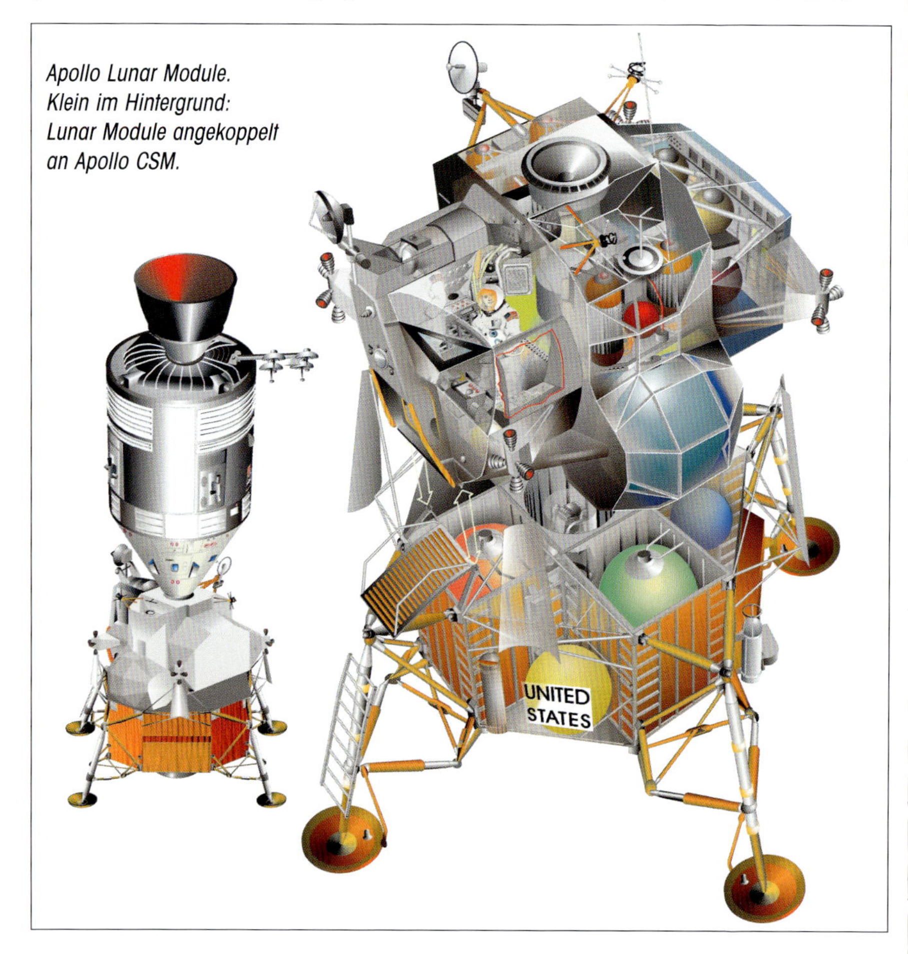

Apollo Lunar Module. Klein im Hintergrund: Lunar Module angekoppelt an Apollo CSM.

Das Apollo 10 LM wird für die Integration mit der Trägerrakete vorbereitet.

Eine Saturn 1b startet mit dem ersten LM zur unbemannten Erprobung in die Erdumlaufbahn.

Gewichts ausmachten. Die Fähren der so genannten J-Missionen (Apollo 15-17) waren etwa 2 t schwerer, da sie mehr Treibstoff, den Lunar Rover (LRV), sowie eine erweiterte wissenschaftliche Ausrüstung mitführten. Mit ihnen waren Oberflächenaufenthalte von bis zu drei Tagen möglich.

Unterteilt war das Lunar Module in eine Abstiegs- und eine Aufstiegsstufe (Descent- bzw. Ascent Module). An der Abstiegsstufe befanden

Typenbeschreibung Apollo Lunar Module der J-Serie		
Ursprungsland	USA	
Bezeichnung	Apollo Lunar Module	
Hersteller	Grumman	
Besatzung	2	
Missionen unbemannt/bemannt	1/9	
Durchm. Landebeine ausgefahren (m)	9,50	
	Landestufe (DM)	**Aufstiegsstufe (AM)**
Masse (kg)	12.000	4.700
Höhe (m)	3,24	3,76
Durchmesser (m)	4,29	4,20
Schubleistung Haupttriebwerk	4,5 - 45 kN	15,6 kN
Lageregelung	-	16 x 420 N

sich vier ausklappbare Landebeine, die mit Stoßdämpfern ausgerüstet waren, um die Kräfte bei der Landung absorbieren zu können. Den unteren Teil des LM bildete die achteckige Landestufe. In ihr befanden sich die Treibstofftanks für den Raketenmotor, Helium als Druckgas, die Sauerstoffversorgung, Batterien, Wasser, die Landeradarantenne und die wissenschaftliche Ausrüstung. Bei den Fähren von Apollo 15-17 war hier auch der Mondrover untergebracht. Am vorderen Landebein war oben eine kleine Plattform und darunter eine

Links – Apollo 9 fliegt mit dem LM »Spider« zu einem bemannten Flugtest in den Erdorbit. Die Mondfähre ist noch in der Spitze der dritten Stufe befestigt.

Unten – LM »Spider« wird bei der Mission von Apollo 9 in der Erdumlaufbahn getestet.

Leiter montiert, auf der die Astronauten nach Verlassen der Mondfähre hinab- und später wieder hinaufsteigen konnten. An den drei anderen Beinen ragten aus den Landetellern 1,5 m lange Stäbe nach unten, die als Fühler dienten und den Bodenkontakt meldeten. Sobald dieser stattfand, wurde das Landetriebwerk von den Astronauten manuell abgeschaltet.

Den größten Teil der Abstiegsstufe nahmen die Treibstofftanks und der Raketenmotor ein. Als Brennstoffe hierfür dienten Aerozin 50 und

Rechts – Neil Armstrong an den Kontrollen der Apollo 11 Mondlandefähre »Eagle«.

Unten – Apollo 17-Mondlandefähre »Challenger« im Taurus-Littrow-Gebirge.

Apollo 11-Mondlandefähre »Eagle« im »Meer der Ruhe«. Im Vordergrund der Astronaut Edwin Aldrin.

Stickstofftetroxid. Diese wurden mit Hilfe von Helium in die Brennkammer gedrückt und entzündeten sich dort selbständig. Der Abstiegsmotor war mehrmals zündbar und konnte im Schub zwischen 10% und 100% Nominalleistung verändert werden. Der Maximalschub betrug 45,0 kN. Der Treibstoffvorrat reichte für etwa 15 Minuten.

Die Abstiegsstufe diente beim Rückstart vom Mond als Startplattform für die Oberstufe in der sich die beiden Astronauten befanden. Durch Auslösen von Sprengbolzen wurden die beiden Stufen getrennt. Während die Aufstiegsstufe zu dem im Mondorbit wartenden Command Service Module zurückflog, verblieb die Landestufe auf der Oberfläche. Die Aufstiegsstufe war in drei Abschnitte unterteilt: Cockpit, Mittelabschnitt und Geräteteil. Im druckfreien Geräteteil befanden sich die Treibstofftanks für das Aufstiegstriebwerk und die vier Lageregelungseinheiten, Helium als Druckgas, der Sauerstoff

Apollo 15 Mondlandefähre »Falcon« im Headley Appennin. Im Vordergrund die Fahrspuren des Lunar Roving Vehicles, populär auch »Mondbuggy« genannt.

für die Atemluft, Wasser und die Batterien für die elektrische Versorgung. Den Astronauten stand im Cockpit ein Raum von etwa 2,34 m Durchmesser und 1,10 m Tiefe zur Verfügung. Sitze gab es nicht, die Piloten mussten das Lunar Module im Stehen steuern. Da die Schwerkraft auf dem Mond jedoch nur einem Sechstel der irdischen entspricht, war diese Position nicht sehr anstrengend. Als ab Apollo 15 die Aufenthalte auf dem Mond mehrere Tage dauerten, spannten die Astronauten zum Schlafen eine Art Hängematte quer durch den Raum.

Für den Blick nach draußen sorgten zwei schräg gestellte dreieckige Fenster. Ein weiteres, für das Rendezvousmanöver vorgesehen, befand sich auf der linken Seite der Decke direkt über dem Kommandantenplatz. Das Lunar Module hatte zwei Luken, eine annähernd rechteckige, etwa 1 m breite, zum

Ausstieg auf die Mondoberfläche, die sich etwa in Kniehöhe unterhalb der Hauptkontrolltafel im Cockpit befand und eine runde mit 0,84 m Durchmesser in der Decke des Mittelteils für das Hinüberwechseln in das Command Module.

Das Umweltkontrollsystem sorgte in einer reinen Sauerstoffatmosphäre für einen Druck von 0,34 Atmosphären. Die beiden Tornister mit dem Lebenserhaltungssystem (Portable Life Support System, PLSS), welche die Astronauten während ihrer Außenaktivitäten benutz-

Missionsübersicht Apollo Lunar Module

Name	Start	Besatzung	Kommentar
Apollo 5	22.1.1968	-	Unbemannte Erprobung des LM im Erdorbit. Start mit Saturn 1b. Nur teilweise erfolgreich.
Spider (Apollo 9)	3.3.1969	James Mc Divitt R. Schweickardt	Bemannte Erprobung des LM in der Erdumlaufbahn.
Snoopy (Apollo 10)	18.5.1969	Thomas Stafford Eugene Cernan	Bemannte Erprobung des LM in der Mondumlaufbahn. Landestufe stürzte auf den Mond, Aufstiegsstufe wurde in eine Sonnenumlaufbahn gesteuert.
Eagle (Apollo 11)	16.7.1969	Neil Armstrong Edwin Aldrin	Landung im Mare Tranquillitatis am 20.7.1969; Rückstart in die Mondumlaufbahn am 21.7.1969. Aufstiegsstufe verblieb zunächst im Orbit, stürzte aber später auf den Mond ab.
Intrepid (Apollo 12)	14.11.1969	Charles Conrad Alan Bean	Landung im Mare Procellarum am 19.11.1969. Rückstart in die Mondumlaufbahn am 20.11.1969. Aufstiegsstufe wurde gezielt in der Nähe der Landestelle zum Absturz gebracht.
Aquarius (Apollo 13)	27.04.1970	James Lovell John Swigert Fred Haise	Das Apollo 13 CSM havariert auf dem Weg zum Mond. LM wird zum Rettungsfahrzeug für die Besatzung. Lande- und Aufstiegsstufe wurden nicht getrennt. Beide verglühten in der Erdatmosphäre.
Antares (Apollo 14)	31.1.1971	Alan Shepard Edgar Mitchell	Landung im Frau Mauro-Hochland am 5.2.1971. Rückstart in die Mondumlaufbahn am 6.2.1971. Aufstiegsstufe wurde gezielt in der Nähe der Landestelle zum Absturz gebracht.
Falcon (Apollo 15)	26.7.1971	David Scott James Irwin	Landung im Headley Appenin am 30.7.1971. Rückstart in die Mondumlaufbahn am 2.8.1971. Aufstiegsstufe wurde gezielt in der Nähe der Landestelle zum Absturz gebracht.
Orion (Apollo 16)	16.7.1969	John Young Charles Duke	Landung im Descartes-Hochland am 20.4.1972. Rückstart in die Mondumlaufbahn am 23.4.1972. Gezielter Absturz misslang. Oberstufe stürzte später unkontrolliert ab.
Challenger (Apollo 17)	7.12.1972	Eugene Cernan Harrison Schmitt	Landung im Taurus-Littrow-Gebirge am 11.12.1972. Rückstart in die Mondumlaufbahn am 14.12.1972. Aufstiegsstufe wurde gezielt in der Nähe der Landestelle zum Absturz gebracht.

ten, hatten hier ihren Platz und konnten mit Sauerstoff und Wasser befüllt werden. Im Mittelteil wurde auch das von der Oberfläche eingesammelte Mondgestein vorübergehend verstaut. Aus dem Boden ragte wie ein Sockel die Abdeckung des Aufstiegsmotors. Direkt vor den Astronauten befand sich die Hauptkontrolltafel mit einer Vielzahl von Anzeigeinstrumenten, Schaltern, Reglern und Lampen. Im Bordcomputer ließen sich die einzelnen Programme aufrufen, die für die jeweilige Flugphase erforderlich waren. Im Normalfall steuerte der Autopilot das LM, die Astronauten konnten aber jederzeit die Handsteuerung übernehmen und das LM per Flystick und Schubregler (nur beim Abstiegsmotor) manuell fliegen. Am Platz des Kommandanten befand sich der Abbruchschalter, der im Notfall den Abstieg zur Oberfläche augenblicklich abbrechen und durch Zündung des Aufstiegsmotors die obere Stufe von der unteren trennen sollte. Der Aufstiegsmotor konnte zweimal gestartet, aber nicht geregelt werden. Dies bedeutete, dass er jederzeit mit dem vollem Schub arbeitete. Als Brennstoffe dienten, wie bei der Landestufe, die hypergolen Treibstoffe Aerozin 50 und Stickstofftetroxid. Die Brennstoffvorräte reichten für etwa acht Minuten. Auch beim Aufstiegsmotor wurden lediglich Ventile geöffnet und aus Zuverlässigkeitsgründen auf Pumpen verzichtet. Nach der Zündung des Motors stieg die Startstufe zunächst senkrecht auf, um dann immer schräger werdend, schließlich fast parallel zur Mondoberfläche die Umlaufbahn des dort kreisenden CSM zu erreichen. Mit den Lageregelungsdüsen, die sich jeweils in zwei Viererblöcken vorne und hinten an der Aufstiegsstufe des LM befanden, konnte bei Landung und Start die Fluglage gesteuert werden.
Für den Empfang der Daten und des Funkverkehrs gab es die schüsselförmige S-Band Richtantenne, die UKW-Antennen und die Antenne für Außenbordaktivitäten.

Das TKS VA (Transportniy Korabl Snabzheniya Vozvrashchaemiy Apparat) war ein bemanntes Raumfahrtsystem der UdSSR, das speziell für militärische Zwecke die Sojus ablösen sollte. Es handelte sich dabei um eine kegelförmige Start- und Rückkehrkabine, ähnlich wie Apollo, aber etwa 30% kleiner. In vielen technischen Details war dieser Entwurf bereits in den 70er-Jahren fortschrittlicher als die Sojus. Das TKS VA konnte bis zu zehnmal wieder verwendet werden und sollte im militärischen Almaz-Programm Verwendung finden. Das TKS VA kam mit dem TKS zum Einsatz, einem kurzen Raumstationsmodul, das später auch im Rahmen der Projekte Salut und Mir Verwendung fand und heute auch das erste Basismodul der ISS bildet. In dieser Hinsicht erinnerte das Vorhaben, sowohl von der Kapselform, als auch vom mitgeführten Wohn- und Arbeitsmodul an das Gemini-MOL-Projekt der USA in den 60er-Jahren.

Obwohl das System in einer Reihe von Flügen ausgiebig getestet wurde, und vollständig einsatzbereit war, kam es nie zu einer bemannten Verwendung. Dabei waren bereits Besatzungen trainiert und für Missionen ausgewählt. Es wurden auch drei Serieneinheiten gebaut, die in den Jahren 1981-1985 unbemannte Missionen flogen. Die beiden letzteren zu den Raumstationen Salut 6 und 7. Sie funktionierten perfekt. Dass es trotzdem zu keinen bemannten Einsätzen kam lag an der Proton-Trägerrakete, die nie die Sicherheitsstandards der Sojus erreichte. Bei den reinen VA-Testflügen nahm die Proton jeweils zwei dieser Fahrzeuge in den Orbit. Lediglich das obere Fahrzeug war mit einem Rettungsturm ausgerüstet, so dass im Fall eines Startversagers

Oben – Die VA-Kapsel sah aus wie eine Kreuzung aus Gemini und Apollo-CM.

Links – Der kompakte Rettungsturm der VA-Kapsel ist hier gut zu erkennen.

Rechts – Immer wieder gibt es Pläne, das TKS VA wiederzubeleben. Hier das Projekt »Excalibur-Almaz«. Das linke Segment ist ein TKS VA, das rechte Segment ist ein Almaz-Raumstationsmodul.

das untere System verloren ging. Das TKS VA war sowohl für den bemannten als auch für den unbemannten Raumtransport ausgelegt und konnte autonom etwa vier Tage lang agieren. In der unbemannten Version war das Fahrzeug in der Lage, 500 kg Nutzlast zu transportieren. Beim Flug mit einer Besatzung von drei Personen konnten noch 50 kg Material mitgenommen werden. Das interne Raumvolumen betrug 8,4 m³.

Typenbeschreibung TKS VA	
Ursprungsland	Sowjetunion
Bezeichnung	TKS VA
Hersteller	RKK Energia
Besatzung	3
Einsätze unbemannt/bemannt	3/0
Masse (kg)	3.800
Länge (m)	3,65
Durchmesser (m)	2,79
Trägerrakete	Proton 8K28K

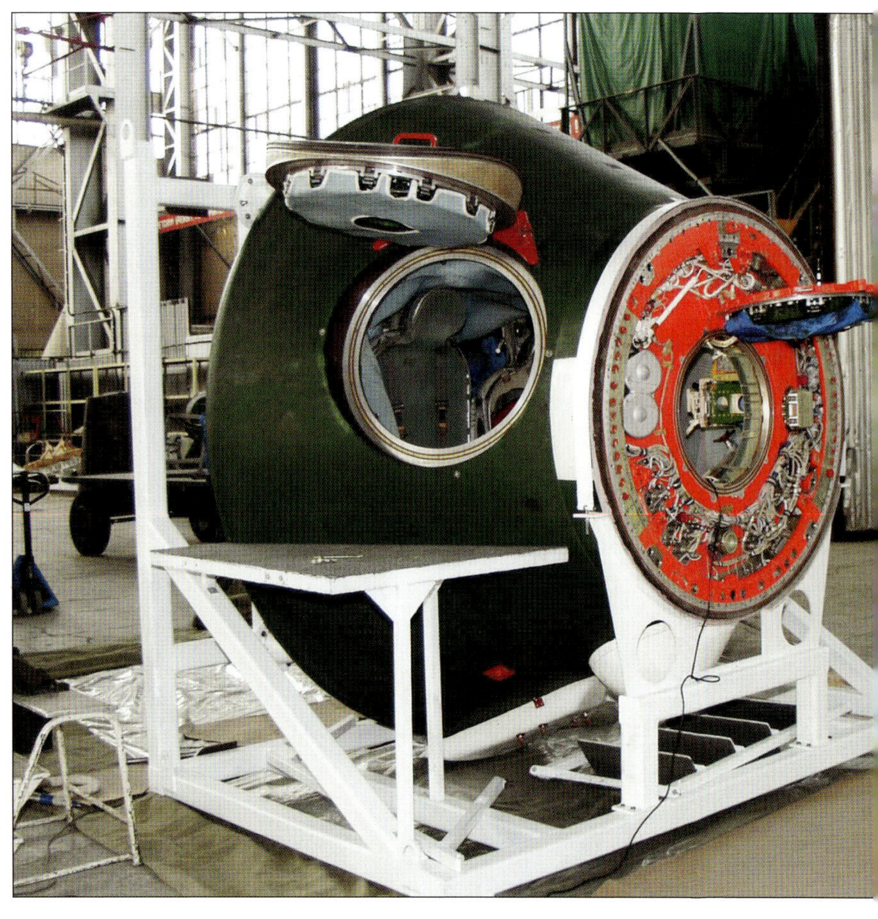

Sehr gut zu erkennen sind hier die Zugangsluken.

Rechts – Blick in das Innenleben der VA-Kapsel.

Missionsübersicht TKS VA		
Name	**Start**	**Kommentar**
Kosmos 881 & 882	15.12.1976	Erste Testmission der TKS VA-Kapsel. Eine Erdumkreisung. Zwei Systeme wurden mit einer Trägerrakete gestartet. Mission erfolgreich.
Kosmos 929 (TKS 1)	17.7.1977	Erster Start des TKS-Stationsmoduls mit einer VA-Kapsel. Die Kapsel kehrte am 16. August 1977 zur Erde zurück. Das TKS Modul wurde am 2. Februar 1978 gezielt zum Absturz gebracht.
Keine Missionsbezeichnung vergeben	4.8.1977	Fehlstart. Die Proton explodierte 49 Sekunden nach dem Start. Der Rettungsturm brachte die obere Kapsel in Sicherheit, die untere wurde zerstört.
Kosmos 997 & 998	30.3.1978	Zweite Testmission der TKS VA-Kapsel. Eine Erdumkreisung. Zwei Systeme wurden mit einer Trägerrakete gestartet. Mission erfolgreich.
Keine Missionsbezeichnung vergeben	20.4.1979	Die Proton zündete, Triebwerke schalteten aber sofort wieder ab. Trotzdem löste der Rettungsturm der TKS VA aus. Der Fallschirm öffnete sich nicht, und die Kapsel wurde zerstört. Die untere Kapsel auf dem Booster blieb unbeschädigt.
Kosmos 1100 & 1101	22.5.1979	Dritte Testmission der TKS VA-Kapsel. Eine Erdumkreisung. Zwei Systeme wurden mit einer Trägerrakete gestartet. Mission erfolgreich.
Kosmos 1267 (TKS 2)	25.4.1981	Zweiter Start des TKS-Stationsmoduls mit einer VA-Kapsel. Nach 57 Tagen autonomen Fluges legt TKS 2 an Salut 6 an. VA-Kapsel landet am 24. Mai 1981. TKS wurde zusammen mit Salut 6 am 29. Juli 1981 gezielt zum Absturz gebracht.
Kosmos 1443 (TKS 3)	2.3.1983	Legte am 4. März 1983 an Salut 7 an. Die VA-Kapsel trennte sich am 19. September von der TKS/Salut, die noch am selben Tag gezielt zum Absturz gebracht wurde. Die Kapsel landete vier Tage später in Kasachstan.

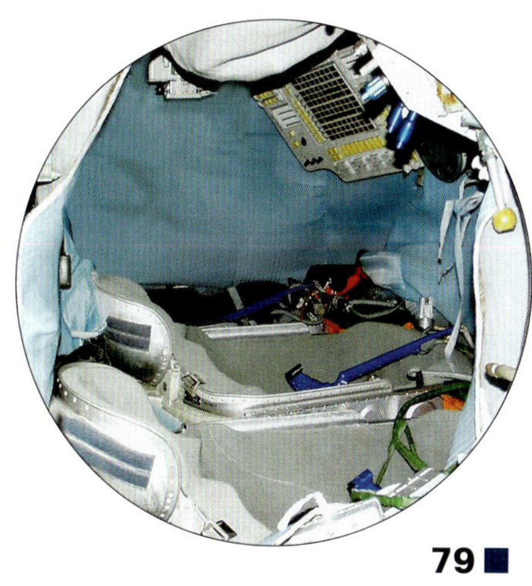

Space Shuttle

Der amerikanische Space Shuttle war das weltweit erste wieder verwendbare Raumtransportsystem. Als Space Shuttle wird dabei das gesamte System aus Raumfähre (Orbiter Vehicle, OV), Außentank (External Tank, ET) und Feststoffraketen (Solid Rocket Boosters, SRB) bezeichnet.

Die ersten Schritte zur Entwicklung des Space Shuttle begannen Ende der 60er-Jahre. In den frühen Planungen war der Shuttle als zweistufiges, in beiden Stufen bemanntes und vollständig wieder verwendbares System vorgesehen. Beide Stufen sollten gemeinsam von der Startrampe starten und sich in ca. 40 km Höhe trennen. Die erste Stufe hätte dann wie ein Flugzeug wieder auf der Landebahn des Startortes niedergehen sollen, während die zweite Stufe ihren Flug in den Orbit fortgesetzt hätte. Nach Abschluss der Mission wäre dann auch der Orbiter wieder im Gleitflug zur Erde geschwebt. Eingehende Studien ergaben, dass die Entwicklungskosten für ein vollständig wieder verwendbares Fluggerät etwa zwölf Milliarden Dollar betragen hätten. Deswegen entschied sich die NASA auf Druck der amerikanischen Regierung für ein nur teilweise wieder verwendbares System, das in der Entwicklung nur halb so viel kostete. Das neue Konzept wurde im Februar 1972 vom damaligen Präsidenten Nixon genehmigt und am

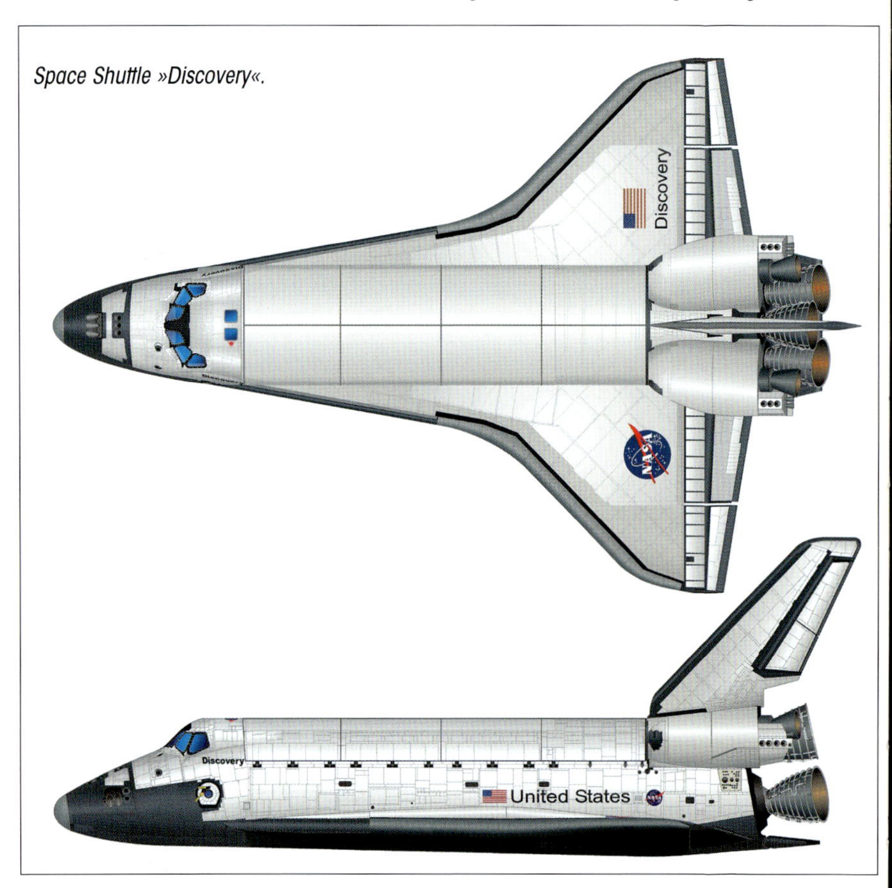

Space Shuttle »Discovery«.

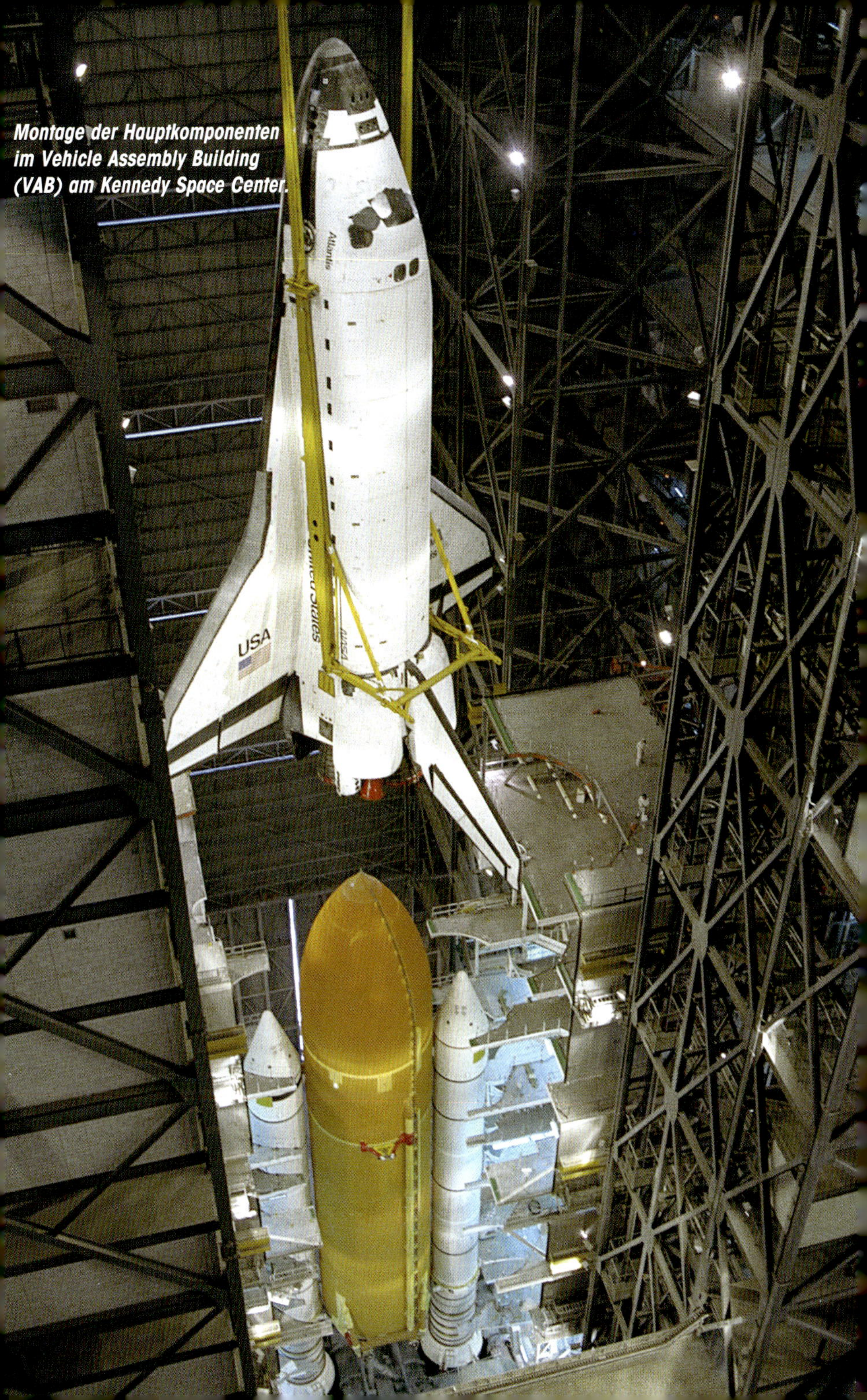

Montage der Hauptkomponenten im Vehicle Assembly Building (VAB) am Kennedy Space Center.

Typenbeschreibung Space Shuttle			
Ursprungsland	USA		
Bezeichnung	Space Shuttle		
Hersteller	Rockwell		
Höhe gesamt (m)	56,20		
Besatzung	7		
Missionen (Status: 06/2008)	123		
Systemeinheit	**Orbiter**	**Booster**	**Außentank**
Masse leer (kg)	80.000	86.200	26.600
Masse voll (kg)	110.000	590.000	757.000
Länge (m)	37,20	45,60	48,90
Spannweite/Durchmesser (m)	23,80	3,71	10,40
Hauptantrieb (kN)	3 x 1.817	2 x 13.300	-
Orbit Maneuvering System (kN)	2 x 26,7	-	-
Lageregelung	38 x 3,9 kN; 6 x 107 N	-	-

16. Juli 1972 übertrug die NASA der Firma Rockwell die Entwicklung des Shuttles.
Am 4. Juni 1974 wurde mit dem Bau der Prototypen-Einheit OV 101 begonnen, die später den Namen »Enterprise« erhielt. Dieser Prototyp war nicht für Weltraumeinsätze vorgesehen, mit ihm wurden lediglich Systemtests, sowie Flug- und Landeversuche in der Atmosphäre durchgeführt.
Am 17. November 1975 wurde mit dem Bau der Flugeinheit OV-102 begonnen, die später den Namen »Columbia« bekam.
Die Enterprise verließ am 17. September 1976 das Herstellerwerk der Firma Rockwell in

Palmdale, aber erst am 17. August 1977 begannen die bemannten Flugtests. Dabei wurde der Shuttle vom Boeing 747-Trägerflugzeug in eine Höhe von 7.200 m getragen. Zunächst gab es eine Reihe so genannter »Captive carry-Tests«, bei dem die Enterprise mit dem Trägerflugzeug verbunden blieb. Zwischen dem 17. August und 12. Oktober 1977 wurden fünf Flüge durchgeführt, bei dem die Raumfähre ausklinkte und Landungen auf der Edwards-Luftwaffenbasis in Kalifornien durchführte.
Die Columbia hatte ihren Roll-out am 8. März 1979. Es dauerte aber noch zwei Jahre, hauptsächlich wegen Problemen mit den Hitzeschutzkacheln, bis die Raumfähre am 12. April 1981 mit den Astronauten John Young und Robert Crippen an Bord zu ihrem Erstflug startete.

Links unten – Die Raumfähre »Columbia« wird für die Mission STS 3 im Jahre 1982 zur Startrampe 39A gebracht.

Rechts unten – Ein Space Shuttle an der Startrampe 39A. Die zweite Shuttle-Startanlage, Launch Pad 39B, ist im Hintergrund zu erkennen.

Der Space Shuttle besteht aus den folgenden Hauptkomponenten:

- Einem für bis zu 100 Missionen wieder vewendbaren Orbiter mit drei Haupttriebwerken, die jeweils etwa 30 Mal wieder verwendet werden können.
- zwei wieder verwendbaren Feststoff-Zusatzraketen (Booster) und
- einem nicht wieder verwendbaren Treibstoff-Außentank.

Die Booster werden nach Brennschluss in etwa 50 km Höhe von der Kombination abgetrennt, gehen an Fallschirmen vor der Küste Floridas nieder und werden von Spezialschiffen aus dem Atlantik geborgen. Der leere Außentank wird kurz vor Erreichen der Umlaufbahn abgeworfen und verglüht nach einer

Oben – Start zur Shuttle-Mission STS 26.

halben Erdumkreisung über dem Indischen Ozean.
Der bemannte Orbiter besteht aus einem Kabinenteil, der Antriebssektion mit drei Haupttriebwerken und zwei Orbit-Manövriertriebwerken sowie einer Ladebucht, die Nutzlasten bis max. 24,5 t aufnehmen kann. Der Orbiter ist für die Rückkehr zur Erde vollständig mit hitzebeständigem Material ummantelt.
Beim Start arbeiten die beiden Feststoffbooster und die drei Haupttriebwerke. Nach Abwurf der Booster, ca. 120 Sekunden nach dem Lift-off, wird der Orbiter nur noch von den drei Haupttriebwerken angetrieben. Booster und Haupttriebwerke zusammen generieren 98% der notwendigen Geschwindigkeit. Für den endgültigen Bahneinschuss, vor allem das Zirkularisieren der Bahn, wird das Orbit Maneuvre System (OMS) benötigt, das von Treibstofftanks im Orbiter gespeist wird. Das OMS ist vielfach wieder zündbar und nach Abschluss der Startsequenz in der Folge der Mission auch für alle Bahnänderungen zuständig. In seltenen Fällen mit sehr hohem Nutzlastgewicht wird das OMS bereits in der Startphase etwa ab der dritten Flugminute zugeschaltet. Das OMS befindet sich am Rumpfhinterteil des Shuttle. Es besteht aus zwei separaten Triebwerken, die aus je zwei Tanks mit 4,1 t MMH bzw. 6,7 t Stickstoff-Tetroxid gespeist werden.
Insgesamt 44 Steuertriebwerke (Reaction Control System – RCS) sind im Heck und im Rumpfvorderteil des Orbiters installiert. Diese Lageregelungstriebwerke werden aus separaten Tanks gespeist und sorgen für die korrekte Raumlage des Orbiters.

Rechts – Shuttle »Discovery« nähert sich der Internationalen Raumstation ISS. Gut zu erkennen der Dockingadapter unmittelbar hinter dem Cockpit und das Spacehab Cargo-Modul im hinteren Ende der Nutzlastbucht.

Unten – Eine Raumfähre beim heute üblichen »Backflip«-Manöver, das nach der Columbia-Katastrophe eingeführt wurde. Dabei vollführt die Raumfähre in unmittelbarer Nähe der ISS eine vollständige Drehung, damit die Besatzungsmitglieder der Raumstation alle Hitzeschutzkacheln fotografieren können. Man will mit diesem Vorgehen eventuelle Beschädigung am Hitzeschild der Fähre aufspüren.

Atlantis

Links – Nicht nur die ISS war das Ziel der amerikanischen Raumfähren. Siebenmal legte alleine die »Atlantis« an der ehemaligen russischen Raumstation Mir an.

Oben – Die »Atlantis« nähert sich der ISS. Die Astronauten sind durch die so genannten »Overhead-Windows« zu erkennen. An der Nase die Düsen für die Lageregelungstriebwerke.

Unten – 14. April 1981: Die »Columbia« befindet am Ende ihres ersten Einsatzes im Anflug auf die Wüstenpiste der Edwards Air Force Base.

Die Shuttles der NASA

Alle Raumfähren der NASA sind nach historischen Forschungsschiffen benannt.

Name	Erstflug	Erste Mission	Letzte Mission*	Bemerkung
Enterprise	12.8.1977	-	-	Testgerät für atmosphärische Flug- und Landeversuche. Keine Orbit-Einsätze.
Columbia	12. 4. 1981	STS-1	STS-107	Am 1. Februar 2003 beim Wiedereintritt verglüht. Besatzung kam ums Leben.
Challenger	4. 4. 1983	STS-6	STS-25	28. Januar 1986 kurz nach dem Start explodiert. Besatzung kam ums Leben.
Discovery	30.8.1984	STS-41-D	STS 132	Wird voraussichtlich im April 2010 außer Dienst gestellt
Atlantis	3. 10 1985	STS-51-J	STS-131	Wird voraussichtlich im Februar 2010 außer Dienst gestellt
Endeavour	7. 5. 1992	STS-49	STS-133	Wird voraussichtlich im Juni 2010 außer Dienst gestellt

* Planungsstand März 2008

Die Überführung der Raumfähren von Edwards nach Cape Canaveral erfolgt »huckepack« auf dem Boeing 747-Trägerflugzeug der NASA.

Die Flugstatistik der NASA-Shuttles							
Orbiter	**Flugtage**	**Orbits**	**Zurückgelegte Distanz (Mio km)**	**Anzahl Flüge**	**Längster Einsatz**	**Anzahl Besatzungs-Mitglieder**	**Mir/ISS Kopplung**
Columbia	301	4.808	201,5	28	17,7 Tage	160	0/0
Challenger	62	995	41,5	10	8,2 Tage	60	0/0
Discovery	311	4.887	199,4	34	15,1 Tage	214	1/9
Atlantis	258	4.074	171,0	29	13,8 Tage	147	7/9
Endeavour	235	3.460	159,1	21	16,6 Tage	134	1/8
Gesamt	1.153	18.495	763,8	122		708	9/25

* Status Juni 2008

Oben – Die Ausweichpiste der Edwards-Luftwaffenbasis wurde durch das ganze bisherige Shuttle-Programm hindurch immer wieder benutzt. So wie hier bei einer Landung der Raumfähre »Atlantis« im Jahr 2001.

Buran war das sowjetische Gegenstück zum amerikanischen Space Shuttle. Nach einer langen Reihe von Tests in der Erdatmosphäre fand der einzige Orbitalflug des Systems im Jahre 1988 statt. Mit dem Niedergang der Sowjetunion standen jedoch keine Ressourcen mehr zur Verfügung, um das Programm fortzuführen, und so wurde es 1993 eingestellt. Das einzige Fluggerät, das je einen Einsatz erlebte, wurde beim Einsturz des Hangars in Baikonur im Jahre 2002 vollständig zerstört. Im Jahre 2004 erwarb das Technikmuseum Sinsheim/Speyer den Prototyp 002 des Buran, mit dem Testflüge in der Atmosphäre durchgeführt worden waren. Dieses Exemplar kann seit dem Mai 2008 in Speyer besichtigt werden. Bereits in den 70er- und 80er-Jahren hatten die Sowjets umfangreiche Versuche mit geflügelten Wiedereintrittskörpern unternommen. Das bekannteste dieser Vehikel trug den Namen »Bor« und kam bei einer Reihe von Flügen zum Einsatz. Letztendlich entschieden sich die Sowjets für ihren Raumgleiter aber für eine Form, von der sie wussten, dass sie aerodynamisch funktionierte: Die Form des amerikanischen Shuttle. Tatsächlich gleicht Buran dem amerikanischen Shuttle äußerlich so sehr, dass es für einen Laien auf den ersten Blick schwierig ist, die beiden Vehikel auseinander zu halten. Jedoch gibt es eine Reihe wesentlicher Unterschiede, die vom geteilten Leitwerk (beim Shuttle keine Teilung) bis zur Tatsache reichen, dass Buran keine Haupttriebwerke wie der amerikanische Shuttle be-

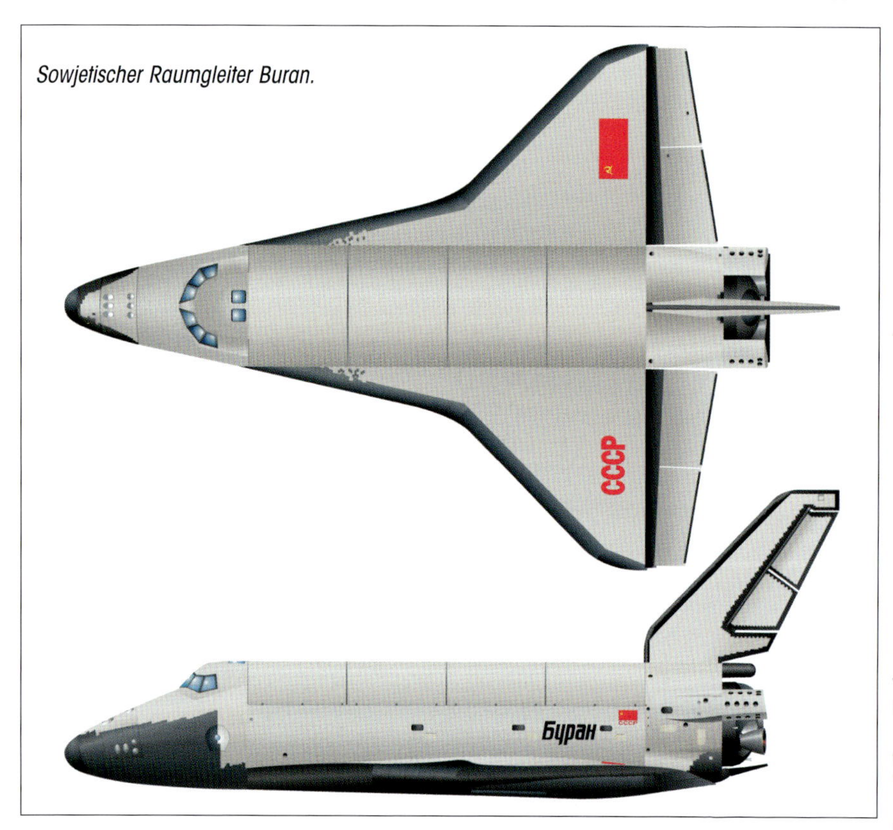

Sowjetischer Raumgleiter Buran.

sitzt, denn er wird komplett als Nutzlast der Energia-Rakete in den Orbit befördert. Darüber hinaus war Buran von Anfang an dafür ausgelegt, auch unbemannte Einsätze durchzuführen. Das Orbit-Manövriersystem wurde mit Sauerstoff und Kerosin betrieben, und nicht wie das amerikanische Gegenstück mit der hochgiftigen Kombination Hydrazin und Stickstofftetroxid.
Die Startmasse der Energia-Buran-Kombination betrug 2.400 t. Buran selbst wog 105 t. Er war für eine Besatzungsstärke von zwei bis zehn Kosmonauten ausgelegt. Die Landemasse sollte 82 t betragen, und damit erheblich geringer sein, als die des Shuttle, die bei knapp unter 100 t liegt. Bei einer gleichzeitig geringeren Flächenbelastung der Flügel waren damit auch niedrigere Landegeschwindigkeiten möglich.
Die Testflüge in der Atmosphäre begannen in den frühen 80er-Jahren. Für diese Testflüge gab es eine Spezialversion des Buran, die mit Strahltriebwerken beiderseits des Leitwerks ausgerüstet war. 1987 kündigte der Kosmonaut Alexej Leonov den ersten Weltraumeinsatz des Buran für 1988 beim zweiten Start der Trägerrakete Energia an. Anders als beim amerikanischen Shuttle wurde der Erstflug aus Sicherheitsgründen unbemannt durchgeführt. Als Starttermin war der 29. Oktober vorgese-

Buran wird auf die Energia-Trägerrakete montiert.

Oben – Die Energia/Buran-Kombination wird an der Startanlage für die erste Mission vorbereitet.

Rechts – Die Energia/Buran-Kombination kurz vor dem Start.

Links oben – Zwei Lokomotiven ziehen das mobile Startgerüst mit der Energia/Buran-Kombination zur Startanlage.

Oben – Zündung. In wenigen Sekunden hebt der Buran ab
Unten – Der Buran kehrt zur Erde zurück. Künstlerische Darstellung.

Vergleich Space Shuttle – Buran		
Daten	**Shuttle**	**Buran**
Ursprungsland:	USA	UdSSR
Hersteller:	Rockwell	NPO Energia
Besatzung	7	10
Länge:	37,20 m	36,37 m
Spannweite:	23,80 m	23,92 m
Höhe:	17,25 m	16,35 m
Masse leer (t):	80 t	61 t
max. Startgewicht (t)	110 t	105 t
Länge Nutzlastbucht	18,29 m	18,55 m
Breite Nutzlastbucht	4,57 m	4,65 m
Frachtkapazität in den Orbit	25 t	30 t
Rückholkapazität aus dem Orbit	15 t	20
Missionen unbemannt/bemannt	0/123	1/0

Der Buran schwebt zur vollautomatischen Landung ein.

hen. An diesem Tag berichtete das sowjetische Fernsehen live. Alles verlief planmäßig, aber 51 Sekunden vor dem Starttermin hielt der Computer des automatischen Startsystems den Countdown an. Für den 15. November 1988 wurde ein neuer Startversuch angesetzt. Diesmal verlief alles glatt, trotz des nicht allzu guten Wetters mit schlechter Sicht und Windböen bis 80 km/h. Punkt 8 Uhr morgens setzte sich die Energia mit dem Buran auf dem Rücken auf der Abgassäule der acht Triebwerke in Bewegung. Nach zwei Minuten und 45 Sekunden, in 60 km Höhe, wurden die Zusatzraketen abgesprengt. Acht Minuten und zwei Sekunden nach dem Abheben, in 160 km Höhe und unmittelbar nach dem Brennschluss der Zentralstufe, wurde der Buran freigegeben. Drei Sekunden nach dem Abtrennen zündeten die Orbit-Triebwerke für 67 Sekunden zum ersten Mal, und knapp neun Minuten später ein zweites Mal, diesmal für 42 Sekunden. Danach flog das Raumfahrzeug antriebslos auf einer Bahn zwischen 252 und 256 km. Am Ende des ersten Umlaufs, über Afrika, aktivierten die vier Bordcomputer das Programm für die Landung. Zwei Stunden und 20 Minuten nach dem Start zündeten die Triebwerke für den Bremsimpuls zum Verlassen der Orbitalbahn. Danach drehte sich der Buran wieder mit dem Bug in Flugrichtung und trat in 110 km Höhe mit 25-facher Schallgeschwindigkeit in die obersten Schichten der Erdatmosphäre ein. 206 Minuten nach dem Start landete der Buran vollständig autonom auf der Rollbahn von Baikonur, in Sichtweite der Startrampe.

Oben – Landung des Buran in Baikonur nach dem Erstflug.

Rechs – Für Überlandtransporte wurde der Buran auf die Antonov An 225 »Myria« verladen.

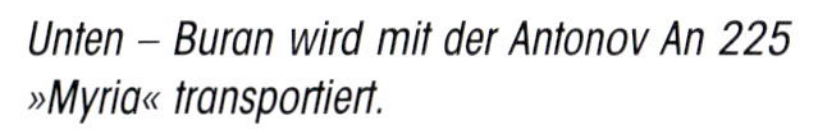

Unten – Buran wird mit der Antonov An 225 »Myria« transportiert.

ShenZhou (Göttliches Schiff) ist ein dreimoduliges Raumfahrzeug, das von der Chinesischen Akademie für Weltraumtechnologie zusammen mit der Akademie für Weltraumtechnologie Shanghai entwickelt wurde. Primär ist das Vehikel für den Transport in den niedrigen Erdorbit vorgesehen, es könnte aber aufgrund seiner Auslegung auch für Einsätze zum Mond verwendet werden.
Das Shenzhou-Raumfahrzeug ist in seiner generellen Konzeption der russischen Sojus recht ähnlich, ist aber wesentlich moderner und vielseitiger. Es ist größer und besitzt ein zusätzliches Paar Solargeneratoren für das Orbit-Modul, das – anders als beim russischen Gegenstück – autonom in der Umlaufbahn operieren kann. Wie Sojus besteht Shenzhou aus drei Elementen: Einem Orbit-Modul (das zylinderförmig ist, und nicht elliptisch wie bei Sojus), einer Landekapsel und einem Service-Modul. Das Raumfahrzeug ist in der Lage, mit drei so genannten Taikonauten (so bezeichnen die Chinesen ihre Astronauten) Flüge von mehr als einer Woche Dauer durchzuführen. Das Orbitalmodul ist in der Lage, bis zu sechs Monate lang autonom zu operieren.
Das Raumfahrzeug wird von einer dreistufigen Trägerrakete des Typs »Langer Marsch 2F« in den Orbit gebracht. Ähnlich wie bei Sojus ist das Raumfahrzeug beim Start vollständig von der Nutzlastverkleidung der Rakete umhüllt.

Vergleich Shenzou 5 und 6 mit Sojus TMA.

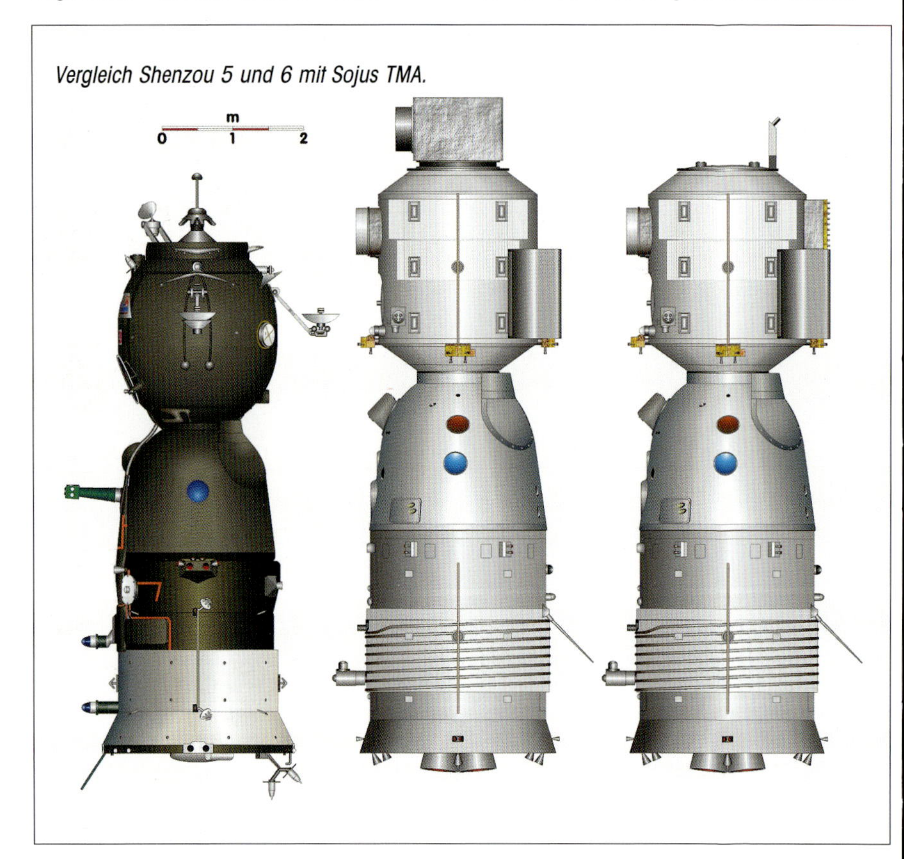

Die Starts der Shenzhou-Raumfahrzeuge erfolgen vom Raumfahrtzentrum Jiuquan in Nordwest-China.
Am Ende der Mission wird zunächst das Orbitalmodul abgetrennt. Danach wird die Retro-Zündung durchgeführt und auch das Service-Modul abgesprengt. Das Service-Modul verglüht in der Atmosphäre, das Landemodul bringt - geschützt durch den Hitzeschild – die Besatzung wieder zur Erde zurück. Die Landung erfolgt dabei üblicherweise in der inneren Mongolei. Das Orbitalmodul verbleibt in der Regel noch mehrere Monate als selbständige aktive Einheit in der Umlaufbahn. Es verfügt über eigene Triebwerke und ein eigenes Flugkontrollsystem für den autonomen Flug.

Das Servicemodul verfügt über vier Triebwerke mit einer Leistung von je 2,5 kN. Die Brennzeit für die Retro-Zündung beträgt mit diesen recht leistungsstarken Einheiten lediglich 30 Sekunden. Die vier Solargeneratoren sind paarweise am Service-Modul und am Orbitalmodul montiert. Sie erbringen zusammen ca. 1,3 kW an elektrischer Leistung.
Shenzou verfügt, ähnlich wie Mercury, Apollo, Sojus und das künftige Orion-Raumfahrzeug über ein Start-Rettungssystem. Es wird im Falle eines katastrophalen Versagens der Trägerrakete verwendet, wobei der Fluchtturm mittels seiner Feststofftriebwerke die Nutzlastverkleidung, das Orbital- und das Landemodul vom Träger trennt. Das System wird etwa 15

Oben – Integration von Shenzou mit der Langer Marsch 2F-Trägerrakete.

Rechts – Die Langer Marsch 2F mit Shenzou an der Spitze wird zur Rampe gefahren.

Minuten vor dem Start aktiviert und – wenn es nicht eingesetzt werden muss – in einer Höhe von 39 km, 120 Sekunden nach dem Abheben vom Träger entfernt. Diese Trennhöhe ist niedriger als bei den vergleichbaren russischen und amerikanischen Systemen, daher gibt es noch ein zweites Notsystem. Zwischen der 120. und der 200. Flugsekunde übernimmt die Nutzlastverkleidung die Notfalltrennung. Das Auslösesignal für den Fluchtturm und die Verkleidung kann sowohl vom Boden, von der Bordelektronik der Rakete aber auch manuell von der Besatzung ausgelöst werden.

Rechts oben – Shenzou im Orbit. Künstlerische Darstellung.

Rechts unten – Ein Schnitt durch das Shenzou 5-Raumschiff.

Links oben – Start von Shenzou 6.

Links – Die Besatzung von Shenzou 6 vor dem Start, die »Taikonauten« Fei Yunlong und Nie Haiseng.

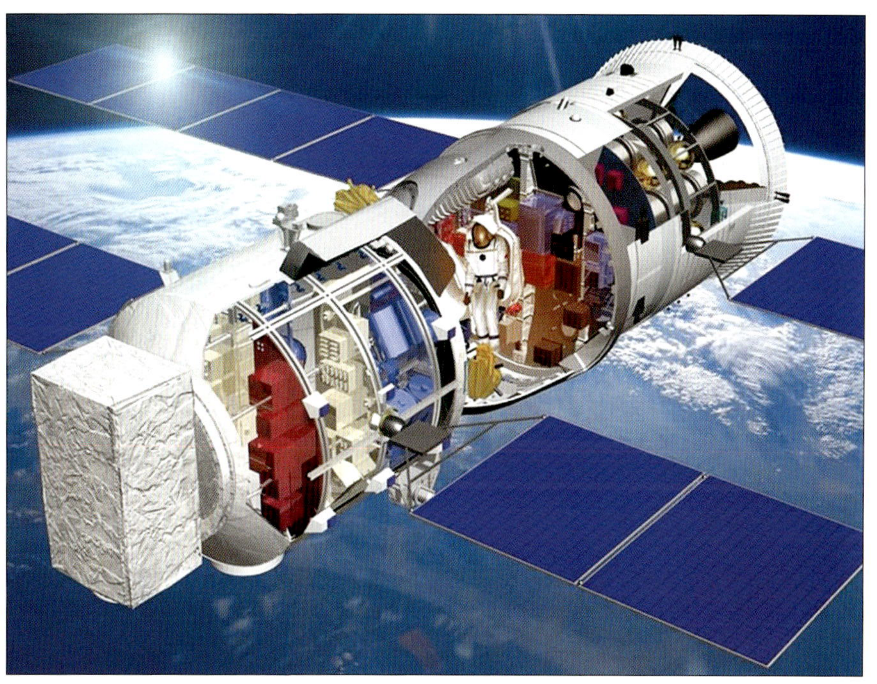

Typenbeschreibung Shenzhou			
Ursprungsland		China	
Bezeichnung		Shenzou	
Hersteller		CASC/SAST	
Besatzung		3	
Spannweite über Solargeneratoren (m)		17,00	
Trägerrakete		Langer Marsch 2F	
Länge (m)		8,25	
Einsätze unbemannt/bemannt (Stand Juli 2008)		4/2	
Module	**Antriebs- und Servicemodul**	**Mannschaftsmodul**	**Orbitmodul**
Hauptantrieb	4 x 2.500 N	-	-
Lagregelung grob	8 x 150 N	8 x 150 N	-
Lagregelung fein	16 x 5 N	-	16 x 5 N
Treibstoff/Oxidator	MMH/N2O4	MMH	MMH
Masse (kg)	3.000	3.240	1.500
Länge (m)	2,95	2,50	2,80
Durchmesser (m)	2,80	2,52	2,25

Missionsübersicht				
Nr.	**Start**	**Besatzung**	**Flugzeit**	**Kommentar**
Shenzhou 1	20.11.1999	-	21 Std 11 Min	Erster unbemannter Testflug. 14 Erdumkreisungen.
Shenzhou 2	10.1.2001	-	6 Tage 18 Std	Zweiter unbemannter Testflug. 107 Erdumkreisungen.
Shenzhou 3	25.2.2002	-	6 Tage 19 Std	Zweiter unbemannter Testflug. 107 Erdumkreisungen.
Shenzhou 4	30.12.2002	-	6 Tage 19 Std	Zweiter unbemannter Testflug. 107 Erdumkreisungen.
Shenzhou 5	15.10.2003	Yan LiWei	21 Std 23 Min	Erster bemannter Flug des Programms. 14 Erdumkreisungen.
Shenzhou 6	12.10.2005	Fei Yunlong Nie Haiseng	4 Tage 19 Std	Erster Flug mit zwei Taikonauten. 75 Erdumkreisungen.

Die dritte bemannte Mission ist derzeit (Juni 2008) in Vorbereitung. Dabei soll die Besatzung von Shenzou 7 voraussichtlich im Oktober 2008 einen fünf- bis siebentägigen Flug unternehmen und in dessen Verlauf ein Außenbordmanöver durchführen. Etwa im Oktober 2010 wird eine ambitionierte bemannte Mission erwartet, bei der drei Raumfahrzeuge im Orbit miteinander gekoppelt werden sollen. Als erstes wird dabei TianKong-1 starten, ein Druckmodul mit mehreren Docking-Adaptern. Kurz danach folgt die unbemannte Shenzou 8, die an TianKong-1 anlegen soll. Schließlich startet Shenzhou 9 mit drei Taikonauten und legt an der Mini-Station an. Es wird eine Missionsdauer von ca. 14 Tagen erwartet, alle drei Starts sollen im Zeitraum eines Monats erfolgen.

Shenzou 6 und seine Taikonauten nach der Landung.

Shenzou 5 Landekapsel.

»SpaceShipOne« wurde von der Firma Scaled Composites entwickelt, um den Ansari X-Prize-Wettbewerb für sich entscheiden zu können. Dieser stellte demjenigen ein Preisgeld von zehn Millionen Dollar in Aussicht, dem es als erstem gelang, einen Piloten und zwei Passagiere oder entsprechenden Ballast in eine Höhe von mehr als 100 km zu befördern und diese Leistung mit demselben Fluggerät innerhalb von 14 Tagen zu wiederholen. Voraussetzung war auch, dass es sich um ein Privatunternehmen und kein staatlich unterstütztes Projekt handeln musste.
SpaceShipOne ist Teil eines Systems, zu dem auch das ebenfalls von Scaled Composites gebaute Trägerflugzeug »WhiteKnightOne« gehört. Über den eigenartigen Namen der Maschine werden unterschiedliche Geschichten kolportiert. Die allgemein anerkannte Version ist, dass mit dieser Bezeichnung die beiden Rekordhalter aus dem X-15 Programm addressiert sind: Robert White, der den Höhenrekord mit der X-15 innehatte, bis ihn SpaceShipOne übertraf und Pete Knight, der den Geschwindigkeitsweltrekord mit dieser Maschine aufstellte, der noch heute steht. WhiteKnightOne wurde nach Abschluss der SpaceShipOne-Flüge auch im Rahmen des X-43 Programms von NASA und Luftwaffe als Trägerflugzeug eingesetzt.
Der Erstflug von SpaceShipOne, ein antriebsloser Gleitflug, erfolgte am 7. Oktober 2003. Der erste Flug unter Einsatz des Raketentriebwerks erfolgte am 17. Dezember 2003.
Bei diesem Flug wurde bereits die Schallgeschwindigkeit überschritten. Damit durchbrach SpaceShipOne als erstes privat finanziertes Fluggerät die Schallmauer. Pilot bei diesem Einsatz war Brian Binnie. Bei der Landung kam es zu einem Zwischenfall, als das linke Hauptfahrwerk beim Aufsetzen wegbrach und das Fluggerät von der Piste abkam.
Am 8. April 2004 erteilte die Federal Aviation Administration eine für ein Jahr gültige Zu-

SpaceShipOne im Landeanflug.

Typenbeschreibung WhiteKnightOne / SpaceShipOne		
Ursprungsland	USA	
Hersteller	Scaled Composites	
Vehikel	WhiteKnightOne	SpaceShipOne
Masse leer (kg)	2.900	1.200
Masse voll beladen (kg)	7.700	3.600
Länge (m)	5,00	5,00
Flügelspannweite (m)	15,00	5,00
Gipfelhöhe (m)	16.100	112.000
Treibstoff	Kerosin	N_2O/HTB
Antrieb	2 x J85GE-5	SpaceDev Hybrid
Schub (kN)	2 x 13 kN (m. Nachbrenner)	73,5 kN
Höchstgeschwindigkeit	Mach 0.55	Mach 3,1
Einsätze (bis 4/2008)	ca. 70	14

lassung für das Vehikel. Dafür musste die Behörde eine neue Kategorie schaffen. Space ShipOne wurde als »nicht eigenstartfähiges Segelflugzeug mit Hilfsantrieb« zugelassen.

Ein großer Teil der Systemkomponenten im Cockpit des WhiteKnightOne, wie Elektronik, Trimm-Servos, Datenmanagement-System, elektrische Komponenten usw. sind identisch zu denen des SpaceShipOne. Damit konnten die Testflüge des White Knight gleichzeitig dazu verwendet werden, auch die Systeme des

Befremdlicher Anblick: Trägerflugzeug White-Knight mit SpaceShipOne unter dem Bauch.

Links – Rückenansicht von WhiteKnight und SpaceShipOne.

Mitte – SpaceShipOne startet über dem Mojave-Windpark.

Unten – WhiteKnight schraubt sich mit SpaceShipOne auf Abwurfhöhe.

Oben und unten – Die Kombination begibt sich auf Abwurfhöhe.

Das suborbitale Flugprofil von SpaceShipOne
100 km
Pilot wird zum Astronau
schwerelos
Wiedereintritt
angetriebene Phase
Gleitflug
25.000 m
U-2-Spionageflugzeug 24.000 m
15.
Verkehrsflugzeug 12.500 m
Hubschrauber 5.000 m
66 km

SpaceShipOne: Alle Flüge mit Raketenantrieb				
Flug-Nr.	**Datum**	**Pilot**	**Geschwindigkeit**	**Erzielte Höhe (m)**
11	17.12.2003	Brian Binnie	Mach 1,2	20.700
13	8. 4.2004	Pete Siebold	Mach 1,6	32.000
14	13. 5.2004	Mike Melville	Mach 2,5	64.400
15	21. 6.2006	Mike Melville	Mach 2,9	100.095
16	29. 9.2004	Mike Melville	Mach 3,0	102.900
17	4.10.2004	Brian Binnie	Mach 3,1	112.000

Raumfahrzeugs zu testen. Mit Ausnahme der Komponenten natürlich, die den Raketenantrieb betrafen. Das hohe Schub-Gewichts-Verhältnis des White Knight und seine enormen Luftbremsen erlaubten es den Piloten, mit diesem großen Flugzeug die Flugmanöver von Space ShipOne realistisch zu simulieren. Somit diente WhiteKnight nicht zur als Träger sondern auch als Trainer für die SpaceShipOne-Piloten.
SpaceShipOne verwendet ein Hybridtriebwerk mit HTPB (Hydroxyl-Terminiertem Poly-Butadien) als Brennstoff und Distickstoffmonoxid (Lachgas) als Oxidator. Diese beiden Komponenten wurden in der Brennkammer bei einem Druck von 37 atü verbrannt und durch eine Expansionsdüse mit einem Expansionsverhältnis von 25:1 ausgestoßen.
Insgesamt führte SpaceShipOne 17 Einsätze durch. Bei drei dieser Flüge, so genannten »Captive Carry-Missionen«, wurde das Flugzeug nicht ausgeklinkt. Beim allerersten Captive-Carry Flug war SpaceShipOne unbemannt. Mission Nummer 11 (der insgesamt achte freie Flug) war der erste Einsatz von Space ShipOne mit Raketenantrieb. Flug Nummer 12 war noch einmal ein Gleitflug, um die Flugeigenschaften mit dem neu installierten Thermalschutz zu erproben.

Oben – Das Raketentriebwerk ist gezündet.

Rechts – In 112 km Höhe macht Brian Binnie einige Erinnerungsfotos.

SpaceShipTwo

SpaceShipTwo (SS2) ist ein privates, derzeit (Juli 2008) noch in der Entwicklung befindliches Raumflugzeug der Firma »The Spaceship Company», einem Joint Venture gegründet von der Virgin Group und Scaled Composites. Erster und einziger Kunde dieses Joint Venture ist das Unternehmen »Virgin Galactic« an dessen Spitze der britische Unternehmer Richard Branson steht.

Bei SS2 handelt es sich um den Nachfolger von SpaceShipOne (SS1), dem ersten rein privat finanzierten Raumfahrzeug, das im Rahmen des Ansari X-Prize-Wettbewerbs die Grenze zum Weltraum erreicht hat. Federführend für Entwicklung und Bau dieses Raumfahrzeugs und seines Trägerflugzeugs WhiteKnightTwo (WK2) ist Burt Rutan, bis vor kurzem Eigentümer von Scaled Composites (mittlerweile hält Northrop-Grumman 100% der Unternehmensanteile). SS2 wird die »Einsatzvariante« des SpaceShipOne. Von 2010 an soll dieses Vehikel im kommerziellen Betrieb eingesetzt werden, mit jeweils sechs Passagieren an Bord von denen jeder $ 200,000 für einen Flug bezahlen soll. Die öffentliche Präsentation von Modellen der beiden Fahrzeuge erfolgte im Januar 2008. Der Rollout des ersten WK2-Prototypen fand im Juli 2008 statt. Der Rollout von SS2 ist für das Frühjahr 2009 geplant. Ziel von Virgin Galactic ist es im ersten Betriebsjahr des Systems etwa einen Flug pro Woche durchzuführen. Wenn diese ersten Einsatzflüge erfolgreich verlaufen, wird danach eine Flotte von zwei WK2 und von fünf SS2 gebaut. Virgin Galactic hat eine Option für zusätzliche sieben weitere Raumfahrzeuge.

Künstlerische Darstellung SpaceShip2.

SS2 basiert auf der selben Technologie wie sein Vorgänger, ist aber doppelt so groß, um ein Mehrfaches schwerer und besteht zu 100% aus Komposit-Werkstoffen. Die Außenform weicht um einiges von SS1 ab und erinnert stark an die Form des geplanten (aber nie realisierten) Orbital-Flugzeuges X-20 Dynasoar der US-Luftwaffe aus den frühen 60er-Jahren. Das Startverfahren hingegen ist identisch mit dem von SS1. Das Trägerflugzeug bringt SS2 innerhalb von etwa einer Stunde auf eine Absetzhöhe von 15.200 m und klinkt dann das Vehikel aus. Wenige Sekunden später zündet das Hybrid-Triebwerk von SS2 und beschleunigt das Fahrzeug innerhalb von etwa 75-80 Sekunden auf eine Geschwindigkeit von gut 4.000 km/h. Nach Brennschluss folgt SS2 der eingeschlagenen Wurfparabel und ist in dieser Zeit schwerelos. Etwa drei Minuten nach Brennschluss ist die Gipfelhöhe erreicht und der Rücksturz beginnt. In ca. 60 km Höhe beginnt die Bremsverzögerung. Die Landung erfolgt in antriebslosem Gleitflug. Die Landegeschwindigkeit beträgt gut 210 km/h. Genau wie SS1 besitzt auch SS2 kein Bugfahrwerk sondern lediglich eine Kufe. Die zweite Hauptkomponente des Systems ist das Trägerflugzeug WK2. Es verwendet dasselbe Kabinendesign wie SS2 und viele seiner Systeme. Einzigartig unter allen gegenwärtigen Flugzeugen ist jedoch die Doppelrumpfauslegung. Obwohl es in der Luftfahrtgeschichte einige Prototypen mit Doppelrümpfen gab, hatten die meisten nur eine Kabine. WK2 wird

Er finanziert das Ganze: Sir Richard Branson mit einem Modell von WhiteKnight2.

Oben – SpaceShip2 im Rohbau bei Scaled Composites. Burt Rutan blickt gerade aus dem Fenster.

Links – Rollout des WhiteKnightTwo am 28. Juli 2008. Link Charles Branson, rechts Burt Rutan.

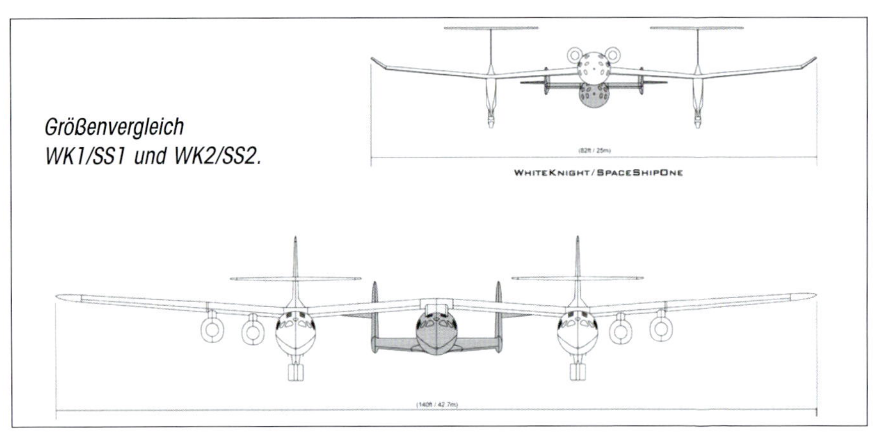

Größenvergleich WK1/SS1 und WK2/SS2.

Typenbeschreibung WhiteKnightTwo – SpaceShipTwo		
Ursprungsland	USA	
Hersteller	Scaled Composites	
Betreiber	Virgin Galactic	
Vehikel	**WhiteKnightTwo**	**SpaceShipTwo**
Masse leer (kg)	20.000	5.000
Masse voll beladen (kg)	35.000	9.600
Länge (m)	23,70	18,30
Flügelspannweite (m)	42,70	12,80
Höhe (m)	7,62	4,50
Gipfelhöhe (m)	16.100	130.000
Treibstoff	Kerosin	N_2O/HTB
Antrieb	4 x PW 308	SpaceDev Hybrid
Schub (kN)	4 x 33 kN	ca. 200 kN
Höchstgeschwindigkeit	Mach 0.55	Mach 4.0

von der rechten Kabine aus gesteuert. Die linke Kabine kann Passagiere aufnehmen. Anders als WK1, der nur zwei Triebwerke hat, wird WK2 mit vier Motoren ausgerüstet sein. Der Träger wird auch eine enorme Reichweite haben. Mit SS2 unter dem Rumpf soll sie bei über 4.200 km liegen.

WK2 ist für den Transport und den Abwurf von SS2 deutlich überdimensioniert. Beobachter vermuten daher, dass der Scaled Composites-Gründer und Konstrukteur Burt Rutan mit diesem Flugzeug möglicherweise auch ein kleines einsitziges orbitfähiges Raumfahrzeug auf Abwurfhöhe bringen könnte, das derzeit noch im Geheimen entwickelt wird.

Kombination aus WhiteKnight2 und SpaceShip2.

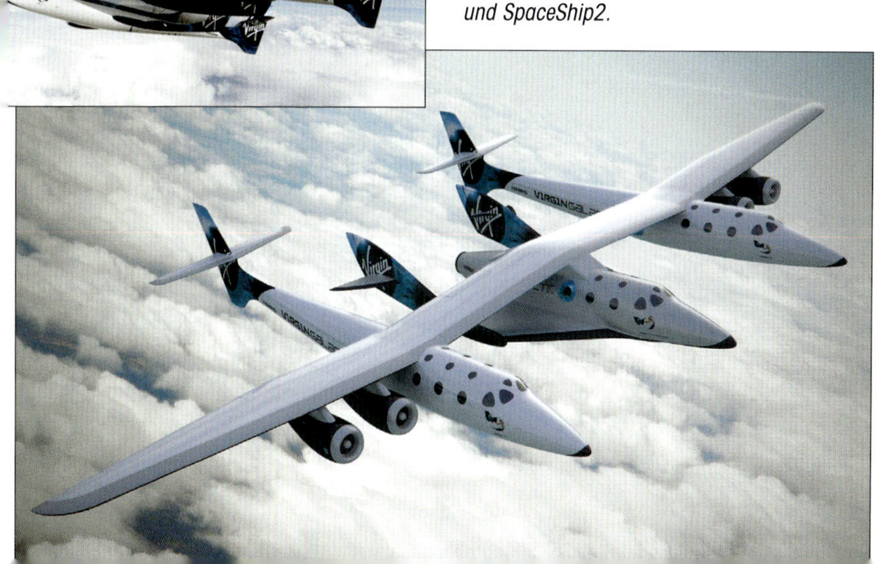

SpaceX Dragon

Am 18. August 2006 gab die NASA bekannt, dass die Firma Space Exploration Technologies, kurz »SpaceX«, eines der beiden Unternehmen ist, die für das so genannte »Commercial Orbital Transportation Services«-(COTS) Programm ausgewählt wurden.
Im Rahmen des Vertrages mit der Weltraumbehörde wird SpaceX mit ihrem Fahrzeug »Dragon« drei Demonstrationsmissionen absolvieren. Bei diesen Flügen soll die Fähigkeit nachgewiesen werden, Crew und Fracht zur Internationalen Raumstation ISS zu transportieren. Für die Entwicklung erhält SpaceX knapp 200 Millionen Euro.
Der SpaceX Dragon ist eine konventionelle, stumpfkeglige druckbeaufschlagte Kapsel, die in der Lage ist, sieben Personen in den Orbit zu transportieren oder alternativ bis zu 2.500 kg Fracht. Möglich ist auch eine Mischung aus Fracht und Crew. Gestartet wird das Vehikel an der Spitze der ebenfalls von SpaceX entwickelten und gebauten Falcon 9-Trägerrakete. Während inzwischen (Juli 2008) der andere Wettbewerber (Kistler) aus dem Rennen um den lukrativen Vertrag ausgeschieden ist, absolviert SpaceX einen Meilenstein nach dem anderen mit bislang nur relativ geringen Zeitverzögerungen.
Die Kapsel besteht aus drei Elementen: Einem Standard-ISS-Dockingmechanismus im Nasenbereich der Kapsel, mit dem der Dragon am amerikanischen Segment der Station anlegen kann. Einer druckbeaufschlagten Sektion für die Crew oder die Fracht, und einer Service-Sektion, in der sich der Lageregelungstreibstoff befindet, die Avionik, die Fallschirme und andere Ausrüstung.
Im Anschluss an die Kapsel befindet sich eine zylinderförmige Sektion, die ein wenig an das

Typenbeschreibung	SpaceX Dragon
Ursprungsland	USA
Bezeichnung	Dragon
Hersteller	Space Exploration Technologies (SpaceX)
Masse (kg)	ca. 9.000
Länge (m)	ca. 7,00
Durchmesser (m)	3,05
Crew:	7
Trägerrakete	Falcon 9

Links – Grafik Dragon

Rechts – Den Dragon gibt es in einer bemannten und einer unbemannten Version.

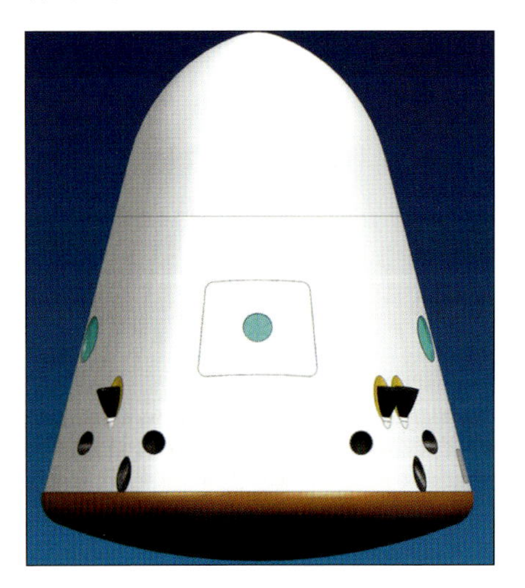

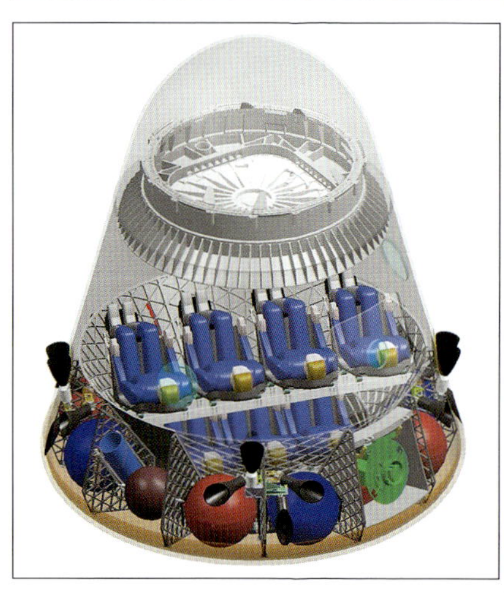

Service-Modul der Apollo-Kapseln erinnert, aber viel weniger Geräte beherbergt und Funktionen ausführt. Im Grunde sind hier nur die Solargeneratoren und die Radiatoren befestigt und sie dient als Stauraum für Fracht, die nicht druckbeaufschlagt transportiert zu werden braucht. Alle »teuren« Elemente – mit Ausnahme der Solargeneratoren – befinden sich in der Kapsel, kehren mit dieser wieder zur Erde zurück und sind voll wieder verwendbar. Die Landung erfolgt, wie bei Apollo, an einem Cluster aus drei Fallschirmen im Ozean, wo das Raumfahrzeug von einem Bergungsschiff aufgenommen wird.

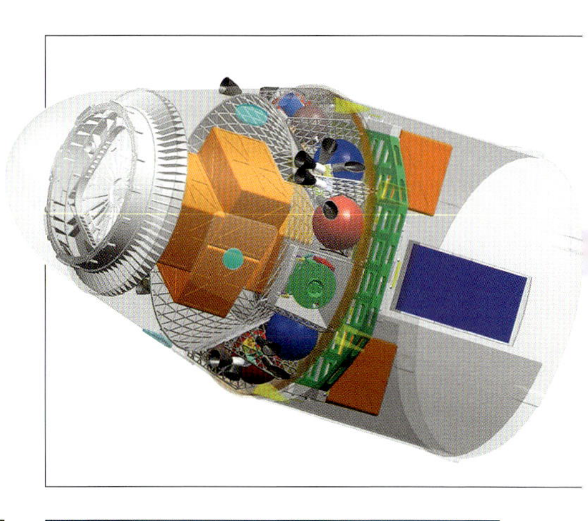

Oben – Mock-up des Dragon.
Rechts oben – Hier der unbemannte Dragon mit dem »Service-Modul«, das lediglich eine Art Gehäusekasten ist.
Rechts – Falcon 9, der Träger des Dragon.

Der Dragon kann sieben Personen zur ISS bringen.

Oben – Die ISS-Zubringerversion des Dragon, mit ISS-Standard-Dockingadapter.

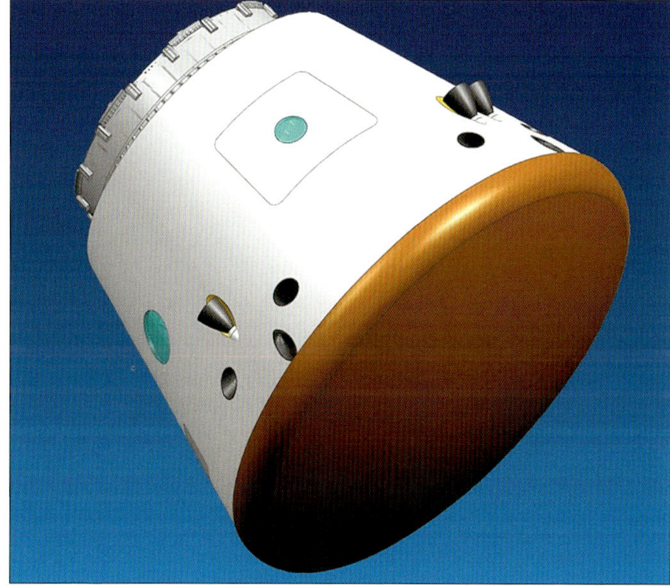

Rechts – Dragon, Rückkehr-Konfiguration.

Orion Command und Service Module

Das Orion-Raumschiff ist das neue bemannte Raumfahrzeug der NASA. Es soll etwa ab 2015 den Space Shuttle für Flüge in den niedrigen Erdorbit ablösen (der nach den gegenwärtigen Plänen aber schon ab 2010 aus dem Dienst genommen wird) und etwa ab 2020 auch für Flüge zum Mond eingesetzt werden. Später sollen damit auch Missionen zu den erdnahen Asteroiden und zum Mars durchgeführt werden. Gestartet wird der Orion mit der neu entwickelten Ares 1-Trägerrakete. Das Design des Orion erinnert stark an das Kommando- und Servicemodul von Apollo. Von der äußeren Form abgesehen ist es aber

Oben – Erste Hardware des Orion-Programms. Ein Mock-up der Mannschaftskapsel wird im NASA-Testzentrum Dryden für einen Test mit dem Rettungsturm LAS vorbereitet. Das Bild stammt vom April 2008.

Links – Mock-Up der Orion-Kapsel im NASA-Zentrum Langley.

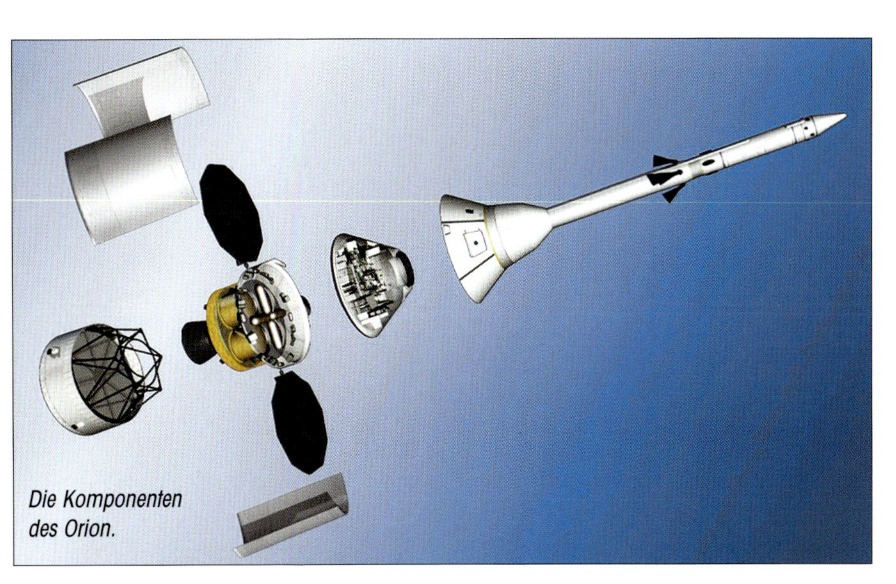
Die Komponenten des Orion.

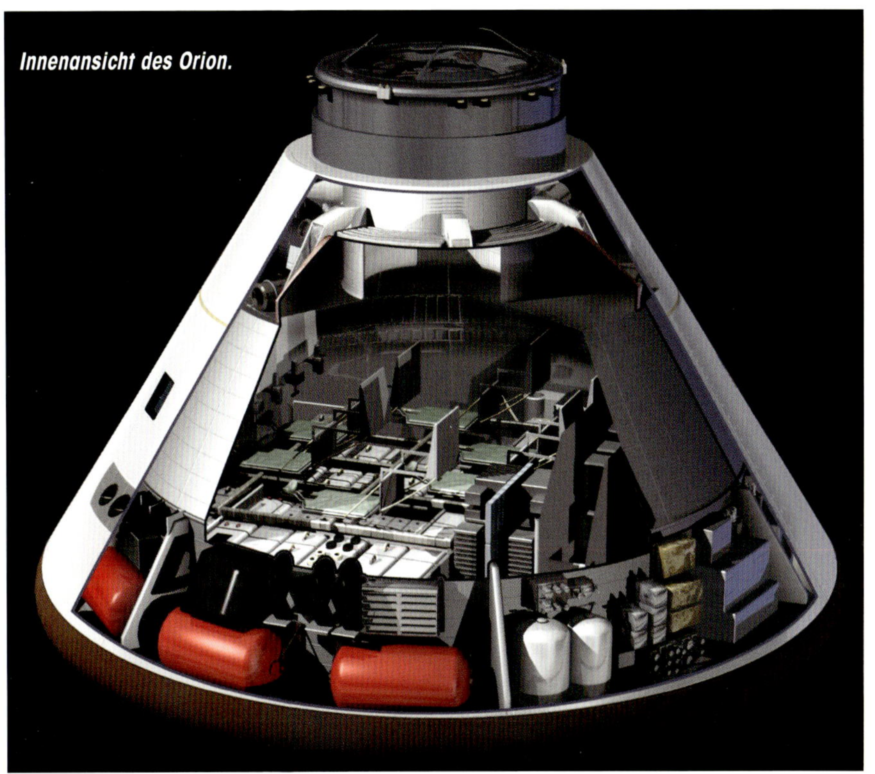
Innenansicht des Orion.

Typenbeschreibung Orion Kommando- und Servicemodul		
Ursprungsland	USA	
Hersteller	Lockheed	
Trägerrakete	Ares 1	
Crew	4–6 (abhängig vom Missionsprofil)	
Schub Triebwerk	33,4 kN	
Bezeichnung	**Orion Command Module**	**Orion Service Module**
Startmasse (kg)	7.500	15.200
Länge (m)	5,00	7,50
Durchmesser (m)	5,00	4,00

Links – Die Ares 1-Trägerrakete mit dem Orion-CMS an der Spitze wird im Vehicle Assembly Building für den Einsatz vorbereitet.

Unten – Die Ares 1/Orion-Kombination auf der Startrampe.

eine hochmoderne Neuentwicklung die auf dem letzten verfügbaren Stand der Technik basiert. Angefangen vom »Glascockpit« neuester Bauart bis zum Einsatz von Komposit-Werkstoffen. Das Raumvolumen des Kommandomoduls ist zweieinhalb mal so groß wie das der Apollo-

Kapsel, was es ermöglicht, bei Kurzzeit-Einsätzen wie z.B. dem Transfer zur ISS bis zu sechs Besatzungsmitglieder zu transportieren. Für Missionen zum Mond ist eine Crew von vier Astronauten vorgesehen.
Dafür werden dann zwei verschiedene Trägerraketen eingesetzt. Ares 1 transportiert die Orion in den Erdorbit, eine zweite Rakete, die Ares 5, bringt den Altair-Mondlander in die Erdumlaufbahn. Dort werden die beiden Komponenten miteinander gekoppelt und die Oberstufe der Ares 5 bringt dann die Orion mit dem angekoppelten Altair-Lander auf die Mondtransferbahn.

Links oben und unten – Orion im Transfer zur Internationalen Raumstation ISS.
Unten – Orion kehrt zur Erde zurück. Zu erkennen die »Airbags« an der Kapsel-Unterseite.

Ähnlich wie Apollo wird auch das Orion-System über einen Rettungsturm verfügen, das »Launch Abort System« (LAS). Damit soll die Kapsel in Sicherheit gebracht werden können, wenn sich auf der Rampe oder der ersten Startphase eine für die Besatzung lebensbedrohliche Situation entwickelt. Anders als Apollo bezieht Orion seine Energie aus Solarzellen und nicht aus Brennstoffzellen. Orion kann somit mehr als sechs Monate im Weltraum verbringen, Apollo war auf zwei Wochen limitiert.
Verglichen mit Apollo ist das Orion-Servicemodul relativ klein. Das rührt daher, dass Orion – anders als Apollo – nicht mit dem eigenen Triebwerk in die Mondumlaufbahn einbremsen wird. Dies wird der angekoppelte Altair-Mondlander übernehmen. Die Treibstoffvorräte des Orion-SM werden daher nur für die Beschleunigung aus der Mondumlaufbahn in die Erdtransferbahn benötigt.

Altair

Altair ist das Mondlandegerät des Orion-Programms. Eine endgültige Definition seiner Form hat noch nicht stattgefunden, und es ist auch noch kein Unternehmen ausgewählt, das den Lander bauen soll. Es stehen aber bereits eine Reihe von Eckdaten fest, die den Entwurf bestimmen werden.

Das Mondlandemodul wird mit einer Ares 5-Trägerrakete in die Erdumlaufbahn gestartet, um dort an dem von einer Ares 1 in den Orbit beförderten Orion-Raumschiff anzukoppeln. Der gesamte Tross fliegt dann, angetrieben von der Oberstufe der Ares 5, zum Mond. Die Masse, welche die Ares 5 auf die Transfer-

Die Altair-Mondfähre wird mit der Ares 5-Trägerrakete zunächst in den Erdorbit gebracht.

bahn zum Mond bringen kann beträgt 75 Tonnen. Das sind gut 50 % mehr als seinerzeit die Saturn 5-Mondrakete des Apollo-Programms. Konnten im Apollo-LM nur zwei der drei Astronauten den Abstieg zur Oberfläche durchführen, landen mit Altair alle vier Besatzungsmitglieder. Das Orion-Mutterschiff bleibt unbemannt in der Mondumlaufbahn zurück.

Altair soll nicht nur bemannt eingesetzt werden. Es wird auch eine spezielle unbemannte Version entwickelt werden. Diese Variante benötigt keine Aufstiegseinheit und kann entsprechend einige Tonnen mehr an Nutzlast auf die Mond-

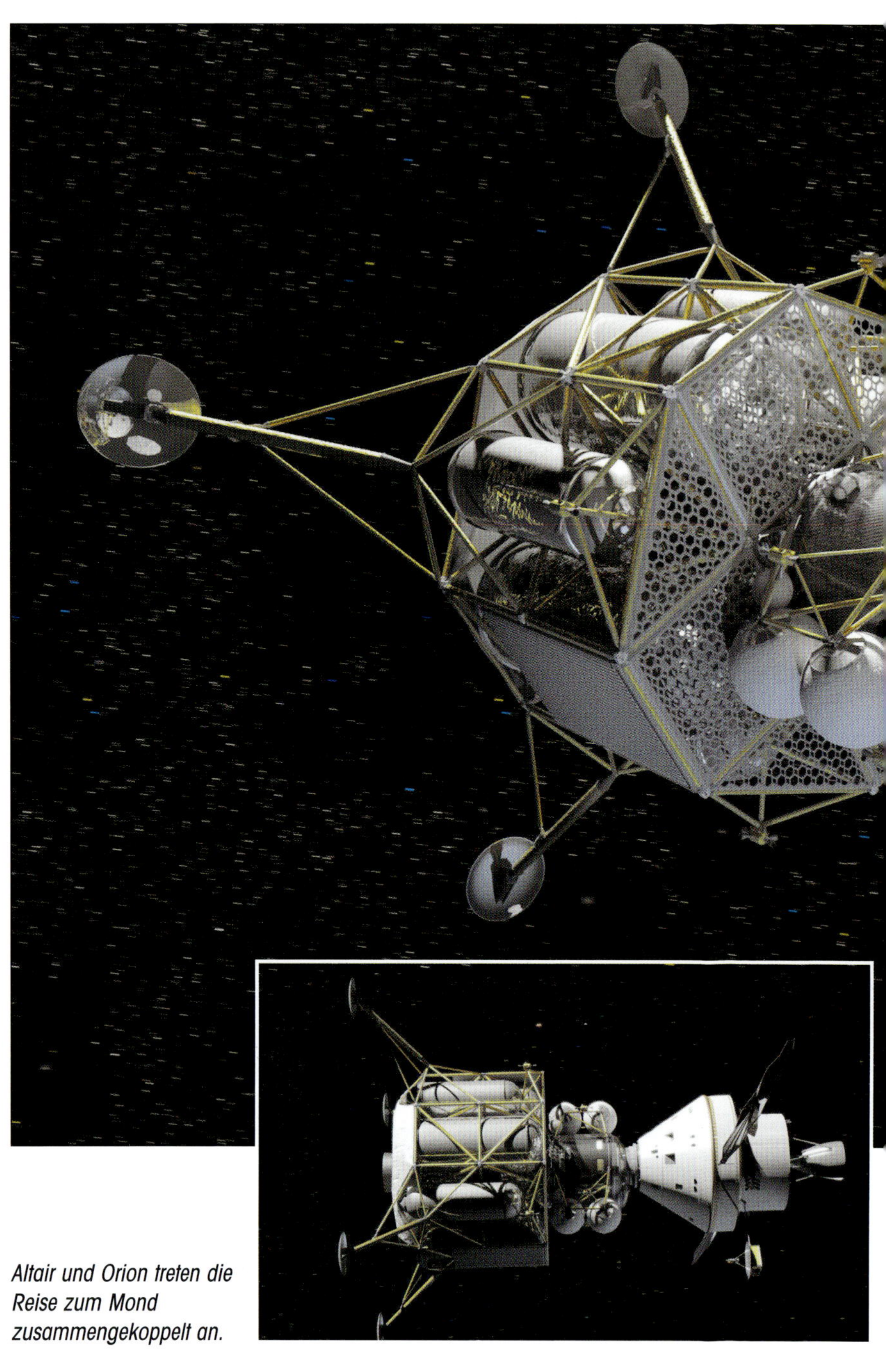

Altair und Orion treten die Reise zum Mond zusammengekoppelt an.

oberfläche befördern. Altair wird eine auf den ersten Blick flüchtige Ähnlichkeit mit dem LM des Apollo-Programms haben. Es wird aber wesentlich massiver ausfallen und in der Lage sein, die 20-fache Nutzlast seines Vorgängers auf die Mondoberfläche zu transportieren. Mit diesem Lander wird es möglich sein, Mondexpeditionen von bis zu sechs Monaten Dauer zu absolvieren.

Die derzeit vorliegenden Konzepte sehen durchweg eine Trennung von Abstiegs- und Aufstiegsstufe vor, ähnlich wie beim LM des Apollo-Pro-

Altair-Mondlander.

Alternatives Konzept des Altair-Mondlanders.

Typenbeschreibung Altair		
Ursprungsland	USA	
Bezeichnung	Orion Lunar Surface Access Module	
Besatzung	4	
Hersteller	Noch nicht ausgewählt (Stand Juli 2008)	
Höhe gesamt (m)	Je nach Konzept zwischen 4,00 und 10,00	
Durchmesser Landebeine	Je nach Konzept zwischen 8,00 und 15,00	
	Landestufe	**Aufstiegsstufe**
Masse (kg) vor LOI	36.000	10.000
Durchmesser (m)	8-14,00	4,00
Schubleistung Triebwerke	4 x RL 10 à ca 70 kN	2 RS 72 à ca 70 kN

gramms. Alle Modelle sehen auch vor, die Landemasse zu maximieren und die Aufstiegsmasse zu minimieren, also eine möglichst massive Landestufe mit einem kleinstmöglichen Aufstiegsteil zu kombinieren. Die Abstiegsstufe wird in der überwiegenden Anzahl der Konzepte mit flüssigem Wasserstoff als Treibstoff und flüssigem Sauerstoff als Oxidator betrieben, während die Aufstiegsstufe mit großer Sicherheit lagerfähige Treibstoffe verwenden wird. Die in der Tabelle genannten Triebwerke werden derzeit (Juli 2008) favorisiert.

Nach abgeschlossener Mission erfolgt der Rückstart des Altair-Mondlanders in die Mondumlaufbahn zum wartenden Orion-Mutterschiff.